SOCIAL ANXIETY
RELIEF FOR TEENS:
A STEP-BY-STEP CBT GUIDE
TO FEEL CONFIDENT AND
COMFORTABLE IN ANY SITUATION

告别社交焦虑的五步练习法

（美）布丽奇特·弗琳·沃克　著
（Bridget Flynn Walker）

石孟磊　译

化学工业出版社
·北京·

SOCIAL ANXIETY RELIEF FOR TEENS: A STEP-BY-STEP CBT GUIDE TO FEEL CONFIDENT AND COMFORTABLE IN ANY SITUATION BY BRIDGET FLYNN WALKER, PHD, FOREWORD BY MICHAEL A. TOMPKINS, PHD
ISBN 9781684037056
Copyright: © 2021 BY BRIDGET FLYNN WALKER
This edition arranged with NEW HARBINGER PUBLICATIONS through BIG APPLE AGENCY, LABUAN, MALAYSIA.
Simplified Chinese edition copyright:
2022 Chemical Industry Press Co., Ltd.
All rights reserved.

本书中文简体字版经大苹果代理由NEW HARBINGER PUBLICATIONS 授权化学工业出版社独家出版发行。
本书仅限在中国内地（大陆）销售，不得销往中国香港、澳门和台湾地区。未经许可，不得以任何方式复制或抄袭本书的任何部分，违者必究。

北京市版权局著作权合同登记号：01-2022-2860

图书在版编目（CIP）数据

告别社交焦虑的五步练习法／（美）布丽奇特·弗琳·沃克（Bridget Flynn Walker）著；石孟磊译 . ——北京：化学工业出版社，2022.9

书名原文：Social Anxiety Relief for Teens:A Step-by-Step CBT Guide to Feel Confident and Comfortable in Any Situation

ISBN 978-7-122-41909-5

Ⅰ.①告… Ⅱ.①布… ②石… Ⅲ.①焦虑-自我控制 Ⅳ.① B842.6

中国版本图书馆 CIP 数据核字（2022）第 135529 号

责任编辑：王　越　赵玉欣　　　　　　　装帧设计：尹琳琳
责任校对：刘曦阳

出版发行：化学工业出版社（北京市东城区青年湖南街13号　邮政编码100011）
印　　装：中煤（北京）印务有限公司
880mm×1230mm　1/32　印张4$\frac{3}{4}$　字数79千字
2023 年 1 月北京第 1 版第 1 次印刷

购书咨询：010-64518888　　　　　　　　售后服务：010-64518899
网　　址：http://www.cip.com.cn
凡购买本书，如有缺损质量问题，本社销售中心负责调换。

定　　价：59.80元　　　　　　　　　　　　　　　　版权所有　违者必究

序

与别人在一起时，你会感到焦虑吗？你担心别人讨厌你吗？你坚信别人觉得你很古怪吗？当你要在全班同学面前讲演或表演的时候，你会冒汗、颤抖、感到恶心吗？你会避免与认识的人打招呼、与不熟悉的人交谈，或避免参加聚会、出去约会吗？你会避免看别人的眼睛吗？如果你有过这些情况，那么可以尝试一下这本书介绍的方法。

这本书的作者布丽奇特·弗琳·沃克博士是一位临床心理学家，多年来一直与受焦虑困扰的青少年一起工作。我非常高兴地看到她把自己的成功治疗经验都写进这本书中。这本书的主题是青少年的社交焦虑。沃克博士将带着你逐步学习认知行为治疗的方法，并且回答你在学习过程中可能感到困惑的很多问题。

如果你觉得自己克服不了社交焦虑，可能出于以下原因：一是你认为任何方法都没有用；二是你不好意思寻求帮助；三是你寻求过帮助，但不起作用。我知道，你很难向别人求助，甚至不想让别人知道你有社交焦虑。事实上，迈出第一步可能是最困难的。不过，既然你已经读到这里，就意味着你有动力、勇气和动机去克服社交焦虑。我强烈建议你试一试！这对你来说有百利而无一害。

迈克尔·A. 汤普金斯（Michael A. Tompkins）博士
美国职业心理学委员会成员

目　录

社交焦虑如何影响我们的生活　// 1

社交焦虑从何而来？　// 3
　　　　过度担心别人的评价　// 3
　　　　成长阶段的正常反应　// 5
　　　　家族基因的独特印记　// 5
你有社交焦虑吗？　// 6
避免或减少社交能缓解焦虑吗？　// 9
不去处理可以吗？　// 12

出发！向自在社交前进　// 15

克服社交焦虑第 0 步　// 16
　　　　打破消极想法　// 16
　　　　尝试直面恐惧　// 19
能帮你克服社交焦虑的小工具　// 20
　　　　测测你的焦虑严重吗　// 20
　　　　测测你的预期准确吗　// 22
　　　　看看你有哪些思维谬误　// 23

克服社交焦虑的五步练习法　// 29

结合案例初步了解"五步法"　// 30
第一步　创建触发情境清单　// 38
　　　　监测触发情境　// 38

编制触发情境清单　// 45
　　　评估触发情境　// 48

第二步　识别回避行为与安全行为　// 54
　　　事情是怎样变糟的?　// 56
　　　制作索引卡　// 61

第三步　建立"暴露阶梯"　// 69
　　　确定暴露的类型　// 73
　　　逐渐适应暴露　// 77

第四步　进行"暴露实验"　// 87
　　　提出问题　// 88
　　　进行预测　// 89
　　　设计实验　// 99
　　　实施实验　// 113
　　　评估结果　// 122

第五步　继续攀登"暴露阶梯"　// 125
　　　登上更多梯级　// 126
　　　学习社交技巧　// 132
　　　自信表达　// 137
　　　让暴露练习成为习惯　// 140

参考文献　// 146

社交焦虑如何影响我们的生活

对于高二年级的史黛菲来说，在校日的每次午餐都令她备感紧张。她经常和最好的朋友劳拉、艾比一起吃饭，如果她俩有事不能来或者想让史黛菲不熟悉的朋友加入，史黛菲就会借口去图书馆做作业，以躲开让她不舒服的场合。

这天，史黛菲刚坐下来，劳拉就对她说："咱们一起去吧！"

"去哪儿呀？"

艾比说："星期六艾略特家要举办一场比萨聚会，这可太棒了！"

劳拉附和道："好耶！上一次你就没去。你不知道我们多想让你一起去啊！"

史黛菲有点犹豫，劳拉说："你也想和我们一起去，对吧？"

史黛菲感到自己心跳加快，胃里出现熟悉的不适感，但是，她仍然回答"我当然去啊"——她没有说谎，她确实想去。她记得在学校的慈善募捐活动上，艾略特妈妈做的比萨十分美味，艾略特本人也很酷。但是，一想到自己要在聚会上融入人群，还要努力与别人聊天，史黛菲心里就有些发慌。

到了星期六，劳拉发来短信，告诉史黛菲自己和妈妈将接她去参加聚会。史黛菲回复"好的"，可她后悔了——"我真的应付不了！"但是，如果现在说不去，她又担心朋友会觉得她很差劲。因此，她说服自己一定能行；如果实在忍不了，她会早点离开。

史黛菲穿好衣服，走到门廊等劳拉和她妈妈。她站在那里，内心充满焦躁。她想到了最坏的场景——"别人会好奇我来聚会干什么。我说不出话来。他们会发现我超级紧张,以为我疯了。我会在聚会上丢脸的!"她开始出汗、颤抖,恶心得快要吐了。

她拿起手机,给劳拉发短信:"对不起,我生病了,今天晚上去不了了。"

劳拉回了一个皱眉的表情并附言"好好休息"。

史黛菲从"好好休息"中听出了嘲讽的意味。上一次她没去,劳拉就是这么说的。她回到家,心里沮丧极了。别人都能去,只有她害怕,她感到非常羞愧。但是,她不知道该怎么办。

"亲爱的,怎么了?"史黛菲的妈妈惊讶地问,"我以为你去参加聚会了。"

史黛菲没有办法解释。她跑上楼,把自己锁在房间里,一晚上没和父母说话。她害怕星期一去学校见到劳拉和艾比,担心她们和别人议论她没参加聚会的事情。

社交焦虑从何而来?

过度担心别人的评价

社交焦虑是指一个人感受到与社交情境相关的极度的担忧和恐惧。当感到别人评判、否定或拒绝自己的时候,这样的担忧和恐惧就会出现。

社交焦虑有多种表现形式。有人（比如史黛菲）表现为避免与不熟悉的人接触，有人表现为独来独往，也有人表现为不断向父母或别人寻求肯定，甚至特别依赖。虽然外在表现形式不同，但深层的焦虑与对环境的持续警觉是相似的。当我们的内心活动过于活跃的时候，即使和朋友在一起也会很紧张，会在教室里表现得不自然。

在青少年时期，我们往往很看重别人的评价，如果你还过度担心这些评价，情况就变得更糟了。这会让你的学校生活充满挑战——无论到哪里，你总有理由担心别人不喜欢你、不想和你说话，或者觉得你不够漂亮、不够帅气、不够聪明、不够酷。其实，别人可能压根没这么想，但是，你确信别人就是这么认为的。

事实上，为了避免别人评价而采取的行动反而会招致别人的评价。例如，总是避免和别人眼神交流，结果显得古怪或者傲慢；为了不冷场提前准备好聊天话题，结果显得做作生硬；为掩饰自己脸红而涂抹很多化妆品，结果显得格格不入……殊途同归，社交焦虑成为自我证实的预言*。

不过，我们可以停止恶性循环，克服社交焦虑。在这本书中，

---

* 自我证实的预言，也叫自证预言，是指我们预测发生什么事，就会做出相应的行为，而行为的结果反过来证实了我们预测的正确性。——译者注。

我将介绍行动方法及其具体步骤。首先，让我们了解一下社交焦虑如何起作用，以及你是否有社交焦虑。

成长阶段的正常反应

从穴居时代开始，人类就是社会性动物。在成长过程中，每个人都要学习与他人相处。青少年时期，我们的身体出现惊人的生理变化，而社会性也在不断发展——我们开始从家庭出发，向外探索，花更多时间与同伴在一起；我们不再依赖父母的指导，接受许多新因素的影响；我们更清楚自己内心的想法和感受，也更了解别人对自己的看法；我们开始留意他人的穿着、说话方式以及价值观……世界在我们面前徐徐展开，我们变得更加独立。

这些变化既让人兴奋，也让人焦虑。当今社会远远比穴居时代更加复杂，因此，在我们努力结交朋友、想得到新群体的接纳时，就更可能感到焦虑。读到这里，如果你觉得这些内容与你的经历很相似，你不是个例。青少年出现一定程度的社交焦虑是很正常的，但严重持久的社交焦虑可能让我们难以适应校内外的生活，甚至感到痛苦——无论你的焦虑程度如何，这本书中的方法都能帮助你。

家族基因的独特印记

遗憾的是，社交焦虑的原因并不单一。我们知道它有家族遗传的特性——如果父母或亲戚有任何类型的焦虑，那么你也可能出现焦虑。基因让大脑更关注那些社交威胁性的信息；即使不存在真正的威胁，大脑也可能把中性的情境解读为威胁性的。更糟糕的是，大脑还可能错过那些表明"无须担忧"的信息。于是，我们认为自己会受到实质的伤害，对社交情境产生许多担忧、恐惧和焦虑。

一些科学家正在研究人体中的哪些化学物质与社交焦虑有关，不过，这还有待更深入的探索。无论如何，你要记住：你没有做错任何事！这不是你的错！

你有社交焦虑吗？

虽然每个人体验到的社交焦虑并不相同，但它们存在一定的共性。这些共性包括身体感觉，经常出现令人不安的想法，难以应付特定情境，以及我们的反应。

下面的表格有助于我们了解自己是否有社交焦虑，你需要判断每项表述是否符合你的情况——当它"有时出现"时，在"1"列打钩；当它"经常出现"时，在"2"列打钩；对于不符合的表述，则直接跳过。

	1（有时出现）	2（经常出现）
1. 与别人在一起时，我会出现如下感觉：		
● 战栗或颤抖		
● 心跳加速		
● 出汗		
● 肌肉紧张		
● 脸红		
● 喘不上气		
● 头晕		
● 恶心		
● 呕吐		
● 头脑一片空白		
2. 与别人在一起时，我会出现如下想法：		
● 他们觉得我很奇怪		
● 他们觉得我不够好		
● 他们不喜欢我		
● 他们在背后议论我		
● 我很奇怪/愚蠢/丑陋……		
● 我不够好		
● 我会很尴尬		
● 我会冒犯或伤害别人		
● 我会给别人带来麻烦		

续表

	1（有时出现）	2（经常出现）
3. 我不喜欢如下情境：		
● 与陌生人交谈		
● 上课举手		
● 上课做报告		
● 最后到达教室或者最后知道某件事		
● 参加聚会		
● 出去约会		
● 眼神交流		
● 在别人面前吃东西		
● 使用公共厕所		
4. 面对他人在场的不适情境，我会做出如下反应：		
● 只和熟悉的朋友待在一起		
● 回避有不熟悉的人在场的情境		
● 尽快离开		
● 戴上耳机		
● 掩饰焦虑		
● 尽量不说话		
● 感到很沮丧		
● 请父母或老师帮我		
● 服用药物或自我调节		

如果你在大多数表述后都打了钩（不论在"1"列还是"2"列），那么你可能有社交焦虑。请重点留意一下那些经常出现的感受与反应，在后续的章节中我们将有面对它的机会。（请注意：这不是正式的社交焦虑测验，它只是为了让你更好地了解自己的感受。）

避免或减少社交能缓解焦虑吗？

社交焦虑是一种令人极度不适的感受，我们不太明白自己为什么会这样，别人也对我们的表现感到困惑——在课堂上发言，这有什么可怕的呢？大家一起吃午饭，看起来都很开心，为什么你不开心呢？我们可能因此感到羞愧和沮丧；想摆脱强烈的恐惧感和焦虑感是很自然的事。

为了应对社交焦虑，两种常见的方式是回避行为与安全行为。回避行为（avoidance behavior）是指我们为了避免进入或想起引发担忧与恐惧的情境而采取的行动或想法，安全行为（safety behavior）是指我们为了避免担心的事情发生而采取的行动或想法。

在详细讨论这两类行为之前，让我们先看一看高三学生马丁的经历。

马丁在学校里有几位"发小儿"，不过，他大部分时候都是独自一人。他担心自己在上课发言时会出现头脑一片空白、身体颤抖、脸红的情况，所以尽量不举手，也不发言。他非常害怕自己会尴尬。他确信别的同学会觉得他很奇怪。

马丁的父母带他去看过儿科医生。医生说长大就会好，但马丁现在还是很焦虑。他在面对成年人时并不感到紧张，即便对方是老师——每一年,他都希望老师能特殊照顾他,比如同意他不做口头报告。对此,老师很困惑:"你和我说话的时候,表达很清晰啊!""我不明白你为什么会这么担心——你很有实力。"

"我知道我的报告能打 A+,"马丁说,"但我只想以我最擅长的方式汇报。上一所好大学对我来说很重要。"

最后,老师让马丁单独汇报。她说,她知道马丁已经掌握了这些学习内容,她愿意尽力帮助他。

马丁正在申请大学。他不得不参观校园,和大学生进行交流。他想让父母替他做,母亲没有反对。事实上,她认为自己在保护儿子。她安慰马丁,告诉他随着年龄的增长,他就会摆脱不适的感觉。

"你一定会喜欢上大学的,"妈妈说,"你这么优秀,一切顺其自然吧。"

马丁可不这么想。他真的很担心如何与室友相处,如何在学生食堂里吃饭,以及如何和这么多同龄人在一起生活。他正考虑在线读大学。父母对他说,他在线学习,能在家多待一年,他们感到很高兴。不过,这并不是马丁真正想要的。

在最近一次亲戚的婚礼上,马丁第一次试着喝酒。他发现自己在与同龄的表亲聊天时没那么焦虑了。他还和一群同学跳了舞。婚礼结束之后,马丁看到一篇网络文章,作者是一位有社交焦虑的青少年,他认为酒精能缓解社交焦虑。不久后,在早晨上学之前,马丁趁父母不注意,倒了一杯酒,希望借此缓解上课时的紧张。他认为如果这能奏效,自己就可以靠着酒精融入大学生活了。

马丁既出现了回避行为，也出现了安全行为。下面列出了其中的一些，你还可以找一找有没有其他类似的表现。

> 回避行为：
> - 不和其他同学来往
> - 上课不举手
> - 计划在线读大学
> - 高中毕业后想住在家里
>
> 安全行为：
> - 得到他将会"克服社交焦虑"的保证
> - 获得单独向老师汇报的许可
> - 在参观校园时让父母替他交流
> - 在聚会中和上学前喝酒

请注意，安全行为不仅仅涉及马丁，还涉及那些起推动作用的人。马丁的妈妈和老师认为自己保护了马丁，是在帮助马丁。他们出于善意，却没想到适得其反。

这是使用回避行为、安全行为或者两者兼用所导致的问题：这样做确实能减少当前的焦虑，我们的感觉好多了（比如不举手、不去参加聚会、寻求妈妈的保护，确实让我们没有那么焦虑了）；但这些办法不能彻底解决问题。现在感觉良好，之后会感觉更糟。

不去处理可以吗?

胡安妮记得上一次足球训练时她摔倒了,一些同学笑了起来。她认为这些同学一定会继续嘲笑她,所以,她告诉妈妈今天不想训练了。

妈妈说:"说不定今天你会比上次开心——大家一起笑,你不喜欢这样吗?"

"不可能的,妈妈。"胡安妮说,"我讨厌别的同学嘲笑我。我一点儿都不开心。"

"我觉得你如果射门得分了,就会很开心。"妈妈继续说。

胡安妮顿了顿,说:"妈妈,你真的认为我能进球?"

"你一定能行的!"妈妈回答。

但是,胡安妮并没有感到安慰。她忘不了自己训练摔倒之后听到的笑声。现在一想起来,她还是觉得很伤心。于是,她坚持自己的想法。

"我说了,我不去。"

胡安妮的回避行为是拒绝参加训练,安全行为是让母亲安慰她还会再进球——它们共同维持并助长了社交焦虑。如果我们反复想起过去失败的经历,就不想再一次进入令人不适的社交情境;即便冒险进入了,也会一直寻找支持我们消极预测的证据,忽视他人的赞扬、喜爱与支持，坚信"他们觉得我很蠢""我说话总是结结巴巴的""我必须一直保持风趣"。

我们（以及父母和朋友）可能努力用逻辑来说服自己，让自己相信不存在真正的威胁："他们不觉得你蠢。""你说话不总是结结巴巴。""你不用总保持风趣。"但是，仅凭逻辑不足以打破焦虑的循环。即使我们清楚地知道自己的恐惧远远超过现实情况，但大脑已经"深陷其中"，恐惧被放大了。混乱的认知和紧张的情绪让我们沉浸于自己的恐惧体验，继续做出回避行为和安全行为——我们没那么担忧了，但仍然无法挣脱痛苦的泥潭。

社交焦虑不仅让我们现在的生活充满压力，还会影响将来的生活。研究表明，如果不加干预，社交焦虑往往会随着时间的推移而变得更严重。一次回避行为会带来更多回避行为。例如，在上学的路上，别人与你打招呼，你回避对方的眼神，那么，在吃午饭的时候，你也很难与别人有眼神交流。此外，这些行为会延伸到其他情境。比如，今天你在餐厅里让父母帮忙点餐，那么，下一周你也可能让父母在工作面试中帮你沟通交流。这样，你没有克服恐惧，而是助长了恐惧。

如果不加干预，社交焦虑会导致抑郁——史黛菲就已经开始出现抑郁的迹象：她整个周末都躲在房间里；社交焦虑也会导致物质滥用——马丁开始依赖酒精；它还会随着时间的推移影响生活的方方面面，比如人际关系、教育以及职业发展。我见过很多成年人不得不放弃他们热爱并擅长的工作，仅仅是因为这份工作需要公开汇报。

我的本意不是吓唬你，但请考虑一下自己的未来，问一问自己：我想克服焦虑吗？我想创造更美好的未来吗？我愿意停止回避行为和安全行为，找到更长远的解决办法吗？

你可以从社交焦虑的泥泞中挣脱出来。多年来，认知行为治疗（cognitive behavioral therapy, CBT，其目标是运用认知的力量来改变行为，进而通过改变行为反过来重塑认知）的各种模式已经得到了广泛应用，研究表明它能有效地帮助不同年龄段的人们克服焦虑及其他类似的问题，且适用于多种不同的情况。在下一章中，我将介绍基于CBT的社交焦虑缓解五步法的原理，并一步步地指导你掌握这一方法，学会用建设性的策略替代回避行为和安全行为，逐渐摆脱焦虑的影响。

出发!
向自在社交前进

在上一章中,你遇到了三位有社交焦虑的青少年。史黛菲和不熟悉的人在一起时感到很不自在;马丁害怕面对大学的生活;胡安妮擅长踢足球,但在足球场上会感到紧张。他们都面临着焦虑带来的严重后果。史黛菲可能会逃避所有的社交情境;马丁会错过上大学的机会;胡安妮将要退出足球队。最终,他们最害怕的消极结果并没有出现。相反,他们学习了社交焦虑缓解五步法,克服了社交焦虑。这需要付出一些努力,但是,他们都成功了。同样,如果你愿意付诸行动,它对你也有效。

在这一章中,我们将介绍社交焦虑缓解五步法的步骤。在此之前,让我们先了解一下焦虑是如何持续的,以及认知行为治疗如何帮我们应付焦虑。

克服社交焦虑第0步

打破消极想法

当我们出现社交焦虑的时候,大脑误以为日常的社交情境是危险的、威胁性的。例如,你碰到同学,但他因正忙着看手机而没有对你微笑,你焦虑的大脑会将此解读为"他说你是个失败者"。虽然这种误解毫无根据,但大脑由此做出可怕、极端的预测——"没有对我微笑的同学，他正在和别人发短信说我的坏话"。基于错误的预测，大脑会用错误的方式保护我们。比如，它坚持不让你参加"有威胁的"、同学在场的任何活动，或者让你问一问朋友，自己是不是做过冒犯他的事情。总之，它会引导我们做出回避行为和安全行为。

在本书介绍的方法中，你将系统地检验自己的预测，看一看它们是不是正确的，并减少错误预测对你的影响。

五十多年前，心理学家阿伦·贝克（Aaron Beck）创立了认知疗法。他认为，在任何时候，我们的想法都驱动着我们的感受。如果大脑容易感到焦虑，就会产生"这些情境有危险"的想法；甚至是在不该引起警觉的中性情况下，它也会这么做。

贝克博士把这类歪曲的、消极的、非理性的想法统称为<u>自动化思维</u>（automatic thought）。忧虑的想法就像本能反应一样自动出现。你会不假思索地想："他们不喜欢我，觉得我很奇怪或者不够好。"你不愿意这么想，但大脑好像不受控制。这些想法占据了你的大脑，影响了你的行为。即使你从理智上知道"它们没有意义，歪曲了正在发生的事情"，也会被深切地影响。我们称这种现象为<u>思维谬误</u>（thinking error）；大脑会产生各种各样的错误，思维谬误只是其中的一种。思维谬误有许多不同的表现，但它们都导致相同的结果：焦虑。为了摆脱思维谬误带来的焦虑，我们往往想采取回避行为与安全行为——这会让我们更加焦虑。

史黛菲给好朋友发短信，邀她们一起吃饭，但没有得到回复。她担心在经常碰面的地方（体育馆的走廊）找不到她们，但还是想碰碰运气。她到了那里，发现好朋友确实不在；几个她不熟悉的高三学生却在那里。一想到对方会怎么评价她，她的恐惧感就急剧上升。她的思维谬误是：他们认为我很奇怪、很烦人，不想让我在这里。

一位高三学生对她说："嗨。"

史黛菲马上嘟嘟囔囔地说她要去准备西班牙语测验了。然后她冲向图书馆；离开那里，她才松了一口气。

问题解决了吗？没有。事实上，史黛菲的反应让她的问题变得更糟。她确实暂时放松下来，躲开了那些"不欢迎她"的人。但是，逃离的行为只会加剧她的恐惧。下一次看到他们的时候，她的焦虑不会减少，反而会增加。这就是回避行为和安全行为不可取的原因。

摆脱焦虑是对大脑的重大奖励。史黛菲的大脑如此渴望去图书馆带来的轻松感，所以，它迫使史黛菲离开。即便这最终会加剧她的焦虑，它还是这样做了。

回避行为和安全行为加剧焦虑的一个原因是它让我们错失获得新认知的机会——也许，那个和史黛菲打招呼的高三学生正要夸她的运动衫很酷——史黛菲去图书馆了，她无从得知这一点。

回避行为和安全行为还让我们无法认识到"我能忍受一些焦虑"。假如史黛菲一直待在体育馆的走廊里，那些高三学生没有打扰她，她可能会认识到"他们不想让我在这里"的思维谬误只让她产生轻微的焦虑，而她其实能忍受这样的焦虑。因此，她可能不再对自己的错误思维深信不疑。

只要相信自己的思维谬误，它们就会产生影响；如果不相信自己的思维谬误（不管它们是什么），就能减少焦虑，甚至能完全摆脱焦虑。总之，认知行为治疗能让我们不再相信思维谬误，从社交焦虑中解脱出来。

尝试直面恐惧

你一定质疑过自己想法的正确性；即使没有，父母、朋友、老师等人也会帮你分析原因。不过，焦虑往往是不合理的，因此，理性思考并不能缓解焦虑。

改变信念最迅速有效的方式是改变行为——你或许尝试过这样做，比如想和一个帅气的男生打招呼，但焦虑得没办法开口。你会失败的原因是没有掌握应对焦虑的有效方法。社交焦虑缓解五步法引导你逐渐面对引发焦虑的情境，同时不采取任何回避行为和安全行为，从而让大脑有被重塑的机会，能够学习不同的信念和行为。研究表明，"暴露练习"是缓解焦虑最有效的方法。不同年龄的数百万人由此训练自己的大脑，学会减少恐惧，看到自己最担心的事情并不会发生，克服了自身的焦虑。

能帮你克服社交焦虑的小工具

测测你的焦虑严重吗

社交焦虑缓解五步法的目标是减轻我们的社交焦虑,适应那些现在让自己不适的情境。为此,我们要测量自己在不同情境下的焦虑水平。这里要用到的工具是主观痛苦感觉单位量表(subjective units of discomfort scale, SUDS),它就像温度计一样,用分数的高低表示焦虑的程度。

在社交焦虑缓解五步法中,我们将经常用到SUDS分数:首先用它来创建触发情境清单,把每个情境的SUDS分数由低到高排序,安排暴露实验的顺序;之后评估自己在暴露过程中的焦虑水平,SUDS分数下降说明更加适应触发情境;最后,在引发强烈情绪的情境下,SUDS分数能让我们更有掌控感。

SUDS的分数范围是0—10,如下所示:

SUDS分数	感受
0	完全放松,感觉不到任何焦虑或不适
1	感到微量的焦虑或不适,能保持清醒和专注
2	感到轻度的焦虑或不适
3	感到低度的焦虑或不适,对日常生活没有影响

续表

SUDS分数	感受
4	感到中低度的焦虑或不适
5	感到中度的焦虑或不适,对日常生活有一些影响
6	感到中高度的焦虑或不适
7	感到强烈的焦虑或不适,对日常生活有很大影响
8	感到非常强烈的焦虑或不适,无法保持专注
9	感到严重的焦虑或高度的不适
10	感到从来没体验过的重度焦虑

你可以把这个表格抄在笔记本上,或者拍照留存,这样有助于在学习的过程中快速找到它。

我要强调的一点是,SUDS分数具有主观性——它们代表你的个人观点。SUDS分数没有对错之分——就"最糟糕的焦虑"而言,你的看法可能和别人的看法截然不同,让你感到轻度焦虑的情境可能引发别人中度或重度的焦虑。例如,就上课发言而言,你的SUDS分数可能是10,而另一个人的分数是4——这不让人意外。你和别人的分数差异并不重要,重要的是知道SUDS分数对自己来说意味着什么,这样你就可以将不同时间的分数进行比较。试一试下面的练习。

> 弄清楚每级分数的个人意义——从0分开始，一直到10分，问问自己以下两个问题（以0分为例）：
>
> 1. 我什么时候感到（或曾经感到）SUDS分数是0？
> 2. 当SUDS分数是0的时候，我当时的焦虑感是怎样的？
>
> 你可以在量表旁边随时做笔记。这是你的个人量表。你在这样做时可能感到有些焦虑，特别是在高分段的时候，原因是你正间接地把自己暴露在与这些分数相应的情境之中。这是一件好事！意味着你已经开始克服社交焦虑了。你可以重复练习，练习的次数多少并不重要；重要的是只要你坚持下去，不适感就会减轻。

测测你的预期准确吗

思维谬误对社交焦虑起着重要的影响。你认为（并完全相信）将要发生的事情决定你如何应对触发情境。例如，史黛菲认为如果参加聚会，她将感到尴尬。当我们让她评估这个预测有多大可能成为现实的时候，她的回答是100%——她认为自己一定会尴尬！

在社交焦虑缓解五步法中，你将预测"在进行暴露实验时，将会发生什么"，并就你对预测结果的确信程度给出一个百分数，即预测信任（belief in prediction, BIP）指数。例如，你预测如果参加游泳训练（触发情境），当你的头发湿漉漉的时候，同学们会嘲笑你

(预期的结果)。如果你认为这一定会发生,BIP指数就是100%。

BIP指数提供了比较的基准。在进行暴露实验之后,你可以核实一下自己的预测是否准确。例如,你可能发现同学们并没有嘲笑你,但也担心他们下一次会这么做。于是,你把BIP指数降到50%;经过几次暴露实验,它还会降低——这样,BIP指数就能帮助你监测进度。

> 设想一个触发你焦虑的情境。如果不做出任何回避行为和安全行为,你预测将会发生什么?问一问自己,"我在多大程度上相信自己的预期?"并记下BIP指数。

看看你有哪些思维谬误

现在,让我们更深入地了解一下思维谬误,这有助于识别自己的回避行为与安全行为。

社交焦虑中最常见的四类思维谬误是读心术、预测未来、灾难化和过度概括。它们可能单独出现,有时也会重叠。

读心术

读心术是指认为自己知道别人在想什么,甚至擅长判断别人对自己的看法。当然,我们都想拥有读心术的超能力,这样就不用担心别人是否喜欢我们,并且可以和那些认为我们有魅力、出色、有趣、优秀的人在一起。然而事实是，除了问别人之外，我们没办法真正了解别人对我们的看法——即使这样做了，也不能确定对方说的是不是实话。况且如果你有社交焦虑，你最不想做的事就是走过去问"你觉得我怎么样？"不过你并不必这样做，对社交焦虑缓解五步法来说，重要的一点是要意识到自己在什么时候、由于什么原因、以什么形式"运用"了读心术。

读心术的一个特征是它往往关注消极的一面。你不仅确信自己知道别人对你的看法，还确信这些看法是负面的、糟糕的。下面是读心术的一些例子：

- 芭波认为我很蠢。
- 约瑟觉得我很奇怪。
- 如果我加入谈话，他们会觉得我很烦，不愿和我说话。
- 同学们会觉得我发的社交动态很无聊。
- 艾莎讨厌我对她微笑。
- 他们不希望我在身边。

预测未来

预测未来（也被称为宿命论）是指只着眼于未来，不关注于当下。当然，我们有理由去思考未来，否则就没有办法制订计划、设定目标，也没有办法做出改进。本书中的"预测未来"是一种思维谬误，它是指错误地预测了在既定的情境下将会发生什么。

与读心术一样，预测未来往往强调消极的一面。比如，你认为自己会在下一周做口头报告时过于焦虑，以致大脑一片空白，一句话也说不出来；大家都会嘲笑你，还会在背后议论你。预测未来的思维谬误让你认定痛苦的结果将会出现；即使什么事情都还没有发生，你已经吓坏了。你忽略了"谁也不能精准地预测未来"这一事实，更想不到相对积极的结果，比如"我在做口头报告时可能会紧张，但我能撑过去"。

人们之所以会预测未来，是因为误以为这能阻止消极的事情发生——你的大脑在告诉你，要想阻止坏事发生，就要不断地设想它们已经发生了。

以下是预测未来的一些例子：

- 如果我上课举手，我会结巴，同学会嘲笑我。
- 如果我在舞会上邀请玛丽亚跳舞，她会拒绝我。
- 要是我告诉汤姆我不喜欢朋克音乐，他将和别人说我没有品位。
- 如果我和杰克逊打招呼，他不会理我的。
- 如果我穿上泳衣，大家都会取笑我的腿太细了。

灾难化

灾难化是指认为只可能出现最坏的情况或结果。在触发情境下，大脑往往立刻想到最坏的情况，忽略其他解释或结果。

你可能认为，灾难化思维让你想到最坏的可能，对猝不及防的情况有所准备，所以它是一种有用的思维方式。其实并不一定如此，当你认为消极结果一定会出现时，焦虑会把你压垮的；即使预期的灾难没有真的发生，你也会认为它下一次会发生。

以下是灾难化的一些例子：

- 我将从平衡木上摔下来，扭伤脚，谁也不会扶我起来。
- 我将搞砸这次实验。如果我们的实验成绩不及格，我的搭档会埋怨我。
- 在聚会上没人愿意和我说话。
- 莎拉今天没给我发短信。她不想和我做朋友了。
- 我在吃晚饭时会紧张得吐出来，马可也不会和我约会了。

过度概括

过度概括是以灾难化为基础的。它是指每当处于触发情境的时候，都认为最坏的情况将会出现。这意味着高估或夸大坏事发生的可能性，坚信坏事一定会发生；"坏事的发生率很低"这一事实不会让你感到宽慰。例如，如果害怕坐飞机，即使知道飞机失事的概率极低，但当你坐上飞机时，仍认为意外发生的可能性高达90%。

在社交方面，过度概括也有类似的作用。例如，即使已经有过很多次成功的经历，一旦要作报告，你还是只能想到最坏的情况："我怔在那里，全班同学都嘲笑我，我的成绩不及格。"你忽略了那些自己表现出色、成绩优异的时刻——虽然基于过去的经验，你的成功率是90%，但是，过度概括的思维谬误告诉你"这次100%会失败"。

过度概括的消极作用是，即使客观上你完全有理由成功，它也会让你焦虑到把事情搞砸。以下是过度概括的一些例子：

- 如果再上滑冰课，我将和上次一样难堪。我将是课上滑得最差的学生。
- 如果我发一张自拍照，没有人会给我点赞。
- 谁也不会在舞会上穿短裙。如果我这么穿，肯定会丢脸。
- 听我唱歌的人都说我走调了。我不会在任何人面前唱歌。
- 如果我独自走在学校的走廊里，谁也不会和我打招呼。

常见的问题

提问：我对这些工具感到困惑。我怎么知道什么时候使用它呢？

回答：在接下来的章节中，每当你用到这些工具的时候，可以回顾这一章，唤起记忆。你不用把它们都背下来！在使用的过程中，你会越用越熟练。这些工具能持续地帮你应对社交焦虑，你以后也会用到它们。

提问：如果我感觉焦虑程度（SUDS 分数）超过 10 分，该怎么办呢？

回答：很多青少年都觉得自己的焦虑水平超过 10 分。即使是这样，也要把最焦虑的感受设定为 10 分——你的 SUDS 分数不能超过 10 分（谁的分数也不能）。

如果你觉得自己的痛苦程度必定高于 10 分，那正说明你已经在预测未来、灾难化和过度概括了。同时，这还是一种回避行为：SUDS 分数太高，让你有充分的理由来逃避触发情境；这时，请试着坚持用 1—10 进行打分，看一看这个方法是否有效。最后，你想让 SUDS 分数超过 10，可能意味着你的社交焦虑已经严重到如果没有他人帮助，就无法有效使用社交焦虑缓解五步法的程度了——这种情况很少见，但如果确实如此，我建议你与认知行为治疗师谈一谈。

克服社交焦虑的五步练习法

结合案例初步了解"五步法"

每当面对新情境时,依次重复以下五个步骤:
1. 创建触发情境清单;
2. 识别回避行为和安全行为;
3. 建立"暴露阶梯";
4. 进行"暴露实验";
5. 继续攀登"暴露阶梯"。

接下来,让我们通过现实生活中的例子,看一看整个过程是如何进行的。即使你现在还不了解所有细节,也不用担心。在后续的章节中,我将进一步说明如何完成每个步骤。

步骤1:创建触发情境清单

首先,你要留意并找出在哪些情境下,你担心别人会批评你——这些情境会触发焦虑、恐惧或不适的感受,因此被称为触发情境。在步骤1中,你将创建一个触发情境清单。

史黛菲的报告

我回想了从离开家到睡觉的这段时间里所有让我焦虑的社交情境。我把一周之内每天让我感到不适的情境都写在日记里。最主要的情境是参加聚会以及和陌生人聊天。这两种情境让我害怕!最糟糕的是聚会,幸好聚会的频率不是很高。但是,每天我都要和不熟悉的人交流。

过去几天,我关注着每一个触发焦虑的情境。我意识到让我焦虑的情境比我想象的要多。例如,我一直不参加学校的球类比赛——我会说服自己我不喜欢那些活动,我应该学习。我还发现了其他让我不适的情境。例如,当受欢迎的同学们在校园里闲逛时,我从他们身旁走过,就会感到特别尴尬。我决定把这些事件添加到我的触发情境清单之中。以下是我的清单:

1. 聚会;
2. 走进学校正门;
3. 走在校园里;
4. 和不熟悉的同学聊天;
5. 在自助餐厅里排队;
6. 午餐时间;
7. 舞会;
8. 体育活动。

步骤2:识别回避行为和安全行为

正如我们在第1章中讨论的那样,回避行为是指我们为了逃离触发情境而主动采取的方式,安全行为是指我们为了减轻自己在触发情境下的焦虑感而采取的言语或行为。在步骤2中,你将识别自己在每一种触发情境中使用的回避行为和安全行为。

史黛菲的报告

步骤2中，我要弄清楚在每种触发情境下，我是如何应对焦虑的。我看了回避行为和安全行为的例子，就意识到我做了很多这样的事。

当我想到"走进学校正门"的触发情境时，我意识到我很紧张，因为很多人在那里闲逛，尤其是受欢迎的同学。当我到了那里，就看一看人多不多。如果人特别多，我会绕到侧门，或者戴上耳机冲进去，即便我没有迟到，也表现得像迟到了一样。

当我处于"走在校园里"的触发情境时，我就去找我的好朋友。通常我会发短信问她们在哪里，但她们经常忙得没空回复。于是，我到我们经常闲逛的地方，如果看不到她们，我会继续发短信。如果还收不到回复，我就去我的储物柜那里。即使我不需要，也会假装有事。

我写下了我在这两种触发情境下采取的回避行为和安全行为：

走进学校正门

- 从其他校门进入；
- 戴上耳机；
- 看看人多不多；
- 冲进正门。

走在校园里

- 让好朋友陪着我，获得安全感；
- 发短信问好朋友在哪里；
- 躲开不安全的地方；
- 假装很忙。

步骤3："建立"暴露阶梯"

在创建触发情境清单，识别回避行为与安全行为之后，要评估一下当你在触发情境中不采取回避行为与安全行为的时候，你感受到的恐惧程度是怎样的。为此，你将用到主观痛苦感觉单位量表（SUDS）。

为了建立"暴露阶梯"，你要根据在每种情境中的恐惧程度，按照由低（底端）到高（顶端）的顺序，给所有的触发情境打分。暴露阶梯就像一个整体规划；按照这个规划，你将逐一面对那些触发焦虑的情境。

这是史黛菲关于走进学校正门的暴露阶梯：

4. 冲进正门（SUDS=6）；
3. 从其他校门进入（SUDS=5）；
2. 戴上耳机（SUDS=5）；
1. 看看人多不多（SUDS=4）。

步骤 4：进行"暴露实验"

暴露实验的过程类似于科学实验，不仅要预测实验的结果，也要评估对预测的信任度。此外，在实验前后，还要评估自己的焦虑水平。

在大多数情况下，你将从暴露阶梯最底部的触发情境（也就是你最不害怕的情境）开始。之后，你将持续挑战，直到完成暴露阶梯上的所有梯级，不再做出任何回避行为与安全行为。

史黛菲的报告

我准备从最底部的梯级开始，努力在走进正门时不看那里有多少人。

到了学校，我戴上了耳机——这是下一级的安全行为，所以我现在可以这么做。我一边走进正门，一边专心听音乐。我的脚步有点匆忙，但我没有看那里有多少人。我很惊讶我竟然没有想过走侧门。这次暴露实验比我想象的更容易！

然后，我对自己的焦虑水平进行打分——仅仅是 3 分，低于我的预期（我以为要到 4 分）。我之前百分之百相信"我一走进正门就会出汗，感到很恐惧"的预测。但是，这并没有发生。在第一次暴露实验之后，我对这个预测的相信度降到了 50%。数据表明情况正在发生变化，而且是好的转变！

我决定重复练习这一级，以防第一次实验是侥幸成功。事实证明这不是侥幸。到了周末,我已经准备好进行下一级的实验了。下一级也比我想象的更容易。

我在最高的一级上遇到了挫折。我想我很难不做"冲进正门"的行为。一天早晨,我被挤在门口的人群中,我想要冲过去;但是,我过不去,于是,我惊慌失措地跑到了侧门。第二天,我不再做这个最困难的实验了,而是回到前一级,做一些更容易的暴露实验。最终我成功了,我能在不做任何回避和安全行为的情况下进入学校的正门。最令我惊讶的是,我每天都在做暴露实验,但只感受到轻微的焦虑。

步骤5:继续攀登"暴露阶梯"

在完成一个暴露阶梯的所有梯级之后,你可以选择对下一个触发情境建立一个新的暴露阶梯。

史黛菲的报告

在我完成针对"走进学校正门"的所有暴露实验之后,我又回到了我的触发情境清单,看到下一个触发情境是独自走在校园里。我觉得既然我能在不做出任何回避或安全行为的情况下走进学校的正门,那么,独自走在校园里也不是什么难事。这一刻我充满信心,渴望完成更多的暴露实验!

常见的问题

提问：这个过程看上去真的很难。如果我不确定我能做到，该怎么办呢？

回答：这个方法确实有挑战性。不过，我发现大多数有社交焦虑的青少年都是能做到的。要记住：这本书会逐步指导你，你不用全靠自己摸索。

这个问题背后的担忧被称为预期性焦虑（anticipatory anxiety）。它是指当我们想到一个让自己不适的未来情境时，就会感到焦虑——只是想到这个情境（产生预期），就足以感到焦虑。

不幸的是，预期性焦虑会让我们做出回避行为与安全行为，进而加重焦虑，陷入恶性循环。其实，出现预期性焦虑是很正常的。这并不意外。而对这一方法感到焦虑，并非意味着你做不到，或是它超出了你的能力范围。

一开始，如果你只在意害怕的事，就可能错过自己一点一滴的进步。我建议你在睡觉之前花五分钟的时间，回想一下自己在触发情境中感觉良好的三个时刻。你可以把它记在笔记本或手机上。每当觉得暴露练习越来越困难的时候，翻看一下你的进步记录表。

提问：这个过程需要多长时间呢？

回答：简单来说，暴露实验的次数越多，缓解焦虑的速度越快。

改变的时间是因人而异的。如果你勇敢挑战,那么可能很快就放松下来;如果你一直回避拖延,那么可能需要花更长的时间,建立更多的暴露阶梯才能成功。

完成暴露阶梯所需的时间也是因人而异的。触发情境出现的频率越高(或者你让它发生的频率越高),进行暴露实验的机会越多,成功的机会就越大——如果你的触发情境是课间换教室,那么一天可以做多次暴露实验;但如果你的触发情境是参加聚会,那么可能一周都碰不到一次。选择经常出现的情境,能帮助你更快地完成暴露实验。即使这听起来太有挑战性了,也无须担心;尝试拆分经常发生的情境,你会更自信地应对它。

提问: 我和史黛菲不一样。我的问题和看到的例子都不一样,怎么办呢?

回答: 正如我们在第 1 章中看到的那样,社交焦虑有多种表现形式。书中的例子不一定能囊括无遗。你的社交焦虑可能源于担心手心出汗,可能源于在别人面前使用电脑,还可能源于别人没有给你的社交动态点赞。

从表面上看,这些表现各不相同。不过,它们有一个共同的核心恐惧:别人会批评你。在接下来的章节中,我将重点介绍社交焦虑的不同表现形式以及针对性的暴露方法。你只需要一点创造力,就能制订出针对自身恐惧的暴露计划。

第一步 创建触发情境清单

现在你准备开始迈出缓解社交焦虑的第一步了。预祝你成功!这一步的内容是创建一份完整的触发情境清单,它要包括所有引发你社交焦虑的情境。

我们在第1章提到过高三学生马丁的经历:由于社交焦虑,他正在考虑在线读大学。和大多数青少年一样,他每天都很忙碌,忙着家庭作业、特殊项目以及与申请大学有关的其他事情。与许多有社交焦虑的青少年一样,当觉得可以掌控自己的生活时,他感到非常轻松。社交焦虑缓解五步法让马丁有机会更好地掌控他的焦虑,值得他为之付出时间和精力。马丁将和你一起完成第一步。

在这一章中,你将完成三项任务。。首先,你要监测自己的生活,找到一周之内触发社交焦虑的情境。其次,你要列出一张包括这些触发情境的清单。最后,你要评估这些情境的SUDS分数。让我们开始吧!

监测触发情境

请你以研究者的身份来完成这项任务。作为一名研究者,你要研究自己的日常习惯,记录自己在不同情境下的反应。你可能想依靠直觉来选择触发情境，不过根据我的经验，如果列清单的速度过快，很容易漏掉重要的情境。因此，要采用研究者的视角，这能使你慢下来，列出最准确、有用的清单。最好的方法是慢慢回想你典型、日常的一天，找到你经常遇到的所有情境。你不需要每遇到一个情境，就立刻把它纳入清单；可以选择在一天结束后坐下来，仔细回忆从你起床那一刻开始出现的触发情境，还要想一想那些不经常发生但偶尔遇到的触发情境（包括假期、周末活动、家庭聚会、去餐馆吃饭等等）。

你需要找到合适的研究地点，在脑海中思索这一天发生的事情——可以是在舒适的沙发里、餐桌或野餐椅旁边，也可以是任何你能安静地坐着、研究自己行为的地方。在这一步中最重要的事情是仔细思考你的一天。你想抓住那些不易觉察的触发情境，但它们会触发你的回避行为，别让它们溜走！

为了发现自己正在回避的情境，我们需要回顾一周之内五天的学校生活。在回顾每一天的时候，要一小时一小时地回顾，可以使用下面的表格模板，也可以像马丁一样每天一页——这让你有足够的空间记录当天的情境，还可以在笔记本或手机上创建日记。

我的监测日记

	星期一	星期二	星期三	星期四	星期五	星期六	星期日
7a.m.—9a.m.							
9a.m.—10a.m.							
10a.m.—11a.m.							
11a.m.—12p.m.							
12p.m.—1p.m.							
1p.m.—2p.m.							
2p.m.—3p.m.							
3p.m.—4p.m.							
4p.m.—5p.m.							
5p.m.—6p.m.							
6p.m.—7p.m.							
7p.m.—8p.m.							
8p.m.—9p.m.							
9p.m.—10p.m.							
10p.m.—12a.m.							

以下是马丁的日记和报告。

马丁的监测日记

	星期一
7a.m.—9a.m.	害怕上英语课 旧的牛仔衬衫洗了，只能穿着红色的法兰绒衬衫
9a.m.—10a.m.	在去上化学课的路上，路过学生休息室时感到特别紧张
10a.m.—11a.m.	化学课：乔迟到了，我害怕与别人一起做实验
11a.m.—12p.m.	哦，乔赶上做实验了
12p.m.—1p.m.	午餐：我不想碰到别人，所以没吃午饭 径直去了图书馆
1p.m.—2p.m.	自习室：花了很多时间担心英语课
2p.m.—3p.m.	英语预修课：只能大声读书
3p.m.—4p.m.	上完英语课后感到疲惫，回家
4p.m.—5p.m.	
5p.m.—6p.m.	
6p.m.—7p.m.	仍然很疲惫，让妈妈晚上给我熬点汤
7p.m.—8p.m.	告诉爸爸我不和他一起去取比萨了
8p.m.—9p.m.	我妹妹的好朋友要过来看电视，我一直待在自己的房间
9p.m.—10p.m.	
10p.m.—12a.m.	

马丁的报告

周一的晚上，我坐下来回顾了我的一天，填写了监测日记。我意识到我在上学前就开始焦虑了。我知道我将遇到让我焦虑的情境，只是还不知道这是怎样的情境。从某种意义来说，这比我知道会发生什么更糟糕。我只能一直保持警觉。

如果今天要上国际政治课或英语预修课，我从醒来的那一刻就开始焦虑了。我穿上低调的深色衣服,这样我就能混在人群里不被注意。我填写了五个上学日中的上午7—9点时段,又填写了国际政治课或英语预修课的时间。

国际政治课是一门讨论课,让我很焦虑。朱老师经常点名叫我,想让我提高一下课堂参与分数。如果要做口头报告,我好几天都会惶恐不安。有时,我和父母说我病了。要是我可以只对朱老师做口头报告就好了。不过,我不知道她会不会同意。

在英语预修课上,我们经常要大声朗读。现在,我们正在读莎士比亚的作品。它不是现代英语,你不可能大声读出来。我读起来像是傻瓜。赖尔登先生说,所有人朗读莎翁作品,都会感到尴尬。每一次轮到我朗读,我就会逃课。如果我上课有一会儿没说话,赖尔登先生一定会点名叫我。

在上化学课、数学课与西班牙语课等课程的日子里,我感到很放松。这些课都很容易,不需要过多的课堂参与。一般来说,在化学课和数学课上,大家都不说话,只做自己的事情。我可以在家上西班牙语课。

上午课间休息让我感到很不自在。我走到储物柜前,希望不要碰到想和我说话的人。课间换教室也让我犯难。最糟的是我要路过学生休息室。我从来不进去。我告诉自己我没必要进去。但是,我在写监测日记时意识到这是合理化。如果我要给某人一本书,我去休息室里找他更容易,而不是希望碰上他。因此,即使我并没有进休息室,我也把它列入了监测日记。

我一放学,就离开学校。我甚至都不去储物柜,因为那里有人。

我不想和他们聊天,这让我感到不舒服。我喜欢机器人技术,而且这对上大学有好处,所以,我想去机器人技术课后班。但是,我太担心第一次上课的情况,就放弃了。

周末,我会待在家里做作业或者与来自不同城市的同学一起玩电子游戏。如果父母让我和他们外出吃饭,我都尽量躲开学校的同学或其他同龄人。

我又监测了几天。之后,我调整了我的日记。星期五,爸爸让我一起去杂货店,我碰到了数学课上的一位同学。我意识到我必须加上这个触发情境。我很惊讶我填了这么多。我几乎一整天都在担心自己遇到触发情境。即使我有办法逃避聊天之类的事情,很多时候还有人想和我聊天。这让我感到筋疲力尽,我不想去上学!

以下是关于监测日记的一些提示:

(1) 尽量把时间段填满

把每天的表格填好。如果好几天都出现了相同的情境,把它一一列出来。这样做的目的是全面了解触发情境发生的频率和时间。这样,在后续的步骤中,你就不需要去找某个具体的时间段了。

(2) 不要着急!

要想让触发情境清单没有遗漏,最有效的方法是连续几天监测自己的生活。把你看到或想起的新的触发情境加进去。清单里的情境不一定是每天都会发生的。

(3) 不要说服自己

创建清单的时候，不要把焦虑和爱好混淆。你在一个情境中感到焦虑，并不意味着你讨厌这个情境，不想让它出现在生活里。例如，马丁把不去学生休息室的行为合理化了。当你合理化回避行为时，即使你真的想进入那些引发社交焦虑的情境，也会说服自己你不想参与。

比如，在体育馆里锻炼让你感到焦虑，你不会认为"我想去体育馆，但这让我感到焦虑"，而是进行合理化——"我不喜欢锻炼"。再如，与别人一起学习让你感到焦虑，你不会认为"我想参加学习小组，但这让我感到焦虑"，而是进行合理化——"我一个人学习时学得更好"。这样，你说服自己，让自己相信"回避行为没有问题"。

不要因为不喜欢这些触发情境，就把它们从清单上剔除。它们其实是你想解决的情境。这样，你以后在这些情境中就不会感到焦虑。

(4) 记住常见的触发情境

在完成监测日记之后，下面的清单有助于唤起你的回忆，确保你没有漏掉那些触发焦虑的情境。

- 上课做口头报告；
- 上课举手发言；
- 当众回答问题；
- 在晨会上当众表演或讲话；
- 在音乐练习时当众演奏；
- 在别人面前做运动或进行比赛；
- 一群人正在聊天，你加入进来；

- 与不熟悉的人闲聊；
- 课间休息；
- 午餐时间；
- 课间换教室；
- 聚会或舞会；
- 运动会；
- 在别人面前写字；
- 在别人面前用电脑或手机；
- 在别人面前吃饭；
- 遇到陌生人；
- 在他人在场的情况下使用洗手间；
- 与老师或权威人物交流；
- 邀请某人做某事；
- 成为众人关注的焦点（有意或无意）；
- 提出特殊要求，比如退货或请人帮忙；
- 陈述你的观点；
- 在社交媒体上发布社交动态；
- 与不太熟悉的人一起乘坐公共交通工具，比如乘公交车、拼车。

编制触发情境清单

这一步的工作非常简单，只需要把监测日记中每一天的触发情境都汇总在一张清单上；尽管如此，我们必须考虑如何以最佳的方式呈现每种情境——可以把总体情境分解成更简单的亚情境，也可以把一些情境组合起来。

下面是马丁编制触发情境清单的过程。

马丁的报告

最终，我的清单中大约有20种触发情境。这太多了，我觉得自己可能应付不了！但我继续坚持下去。

当我发现可以把早晨起床的时段合并起来时，我感觉轻松多了。我不想起床，担心自己在国际政治课上被点名，担心西班牙语课的随堂测验——这都使我对上学后将要发生的事感到焦虑。通过监测，我发现我在周末遇到的触发情境较少；只有遇到外出吃饭或看电影之类的事情时，我才会感到焦虑。

我列出了早晨的亚情境：我最担心的就是课堂表现不好，大家会注意到我很紧张；另外，我也担心我在别人眼中的形象。穿衣服这件事的SUDS分数只有3分，而其他触发情境是4—5分。我想这是因为我能选择穿什么衣服。

在找出课堂上的触发情境时，我也有点困惑。后来，我意识到口头报告是最容易触发焦虑的情境——无论是在哪门课，口头报告的SUDS分数都是10分。所以，我把所有的口头报告归为一个亚情境。

我知道最让我焦虑的课程是国际政治课和英语预修课，我想把它们归为同一个触发情境。不过，它们的SUDS分数并不相同，所以还是分开了。在英语预修课上，赖尔登先生会给我们布置不同的学习任务，所以，课堂内容经常发生变化。有时，我们在安静写作，这较少触发我的焦虑。因此，除非我知道那一天的课堂内容，否则我就会超级紧张。

我仔细思考了课间发生的触发情境。在我的监测日记上，这些情境每天都会出现几次。我决定单独把上午课间休息归为一类情境，然后把课间换教室的所有触发情境汇总成一类情境。事实上，我在数学课和英语课之间换教室的感觉，和我在英语课和艺术课之间换教室的感觉没有什么差异，只是前者距离更远一点罢了。

不过，我在路过学生休息室时的感觉是不同的，所以，我把它单独归为一类情境。它的 SUDS 分数比课间换教室的分数更高。另外，我一直避免进入学生休息室，我把它也列为触发情境。

以下是关于编制触发情境清单的一些提示：

（1）每个情境只列一次

即使你一周之内有五次把"坐公交车上学"作为触发情境写到监测日记中，它也只能在触发情境清单上出现一次。

（2）考虑把触发情境拆分成更具体的亚情境

要特别留意在每个情境下，是什么触发了你的焦虑。比如，你可能把"上数学课"和"在数学课上举手"都纳入触发情境清单；也可能发现"在数学课上举手"才是真正让你焦虑的事情，这正是你把"上数学课"列在监测日记中的原因，所以只需要把"在数学课上举手"纳入触发情境清单就可以了。在上面的报告中，马丁讲述了他怎样为"穿衣服上学"和"做口头报告"创建亚情境。

(3) 考虑你的焦虑程度

虽然下一步的任务才是进行SUDS评分，但在编制清单时也要考虑自己的焦虑程度。例如，马丁把国际政治课和英语预修课列为不同的触发情境，原因是这两个情境的SUDS分数不相同。随着你越来越熟悉这个过程，你在切换不同步骤时会更加游刃有余。

(4) 找到重合的触发情境

假设你的清单里包含"换教室"与"从教室走到餐厅"——这两个情境是重合的，还是有重要的区别呢？如果它们的触发点都是和别人打招呼或者别人会看到你，那么可以把它们归为一类；但如果在从教室走到餐厅的过程中你和别人有更长时间的接触，或你认为不得不硬着头皮向同学说明自己不能一起去餐厅的原因，那么就要把它们列为两个单独的触发情境。

(5) 记住，这是一项可以不断完善的任务！

如果你不确定该怎么列出一些情境，或觉得清单还不够完整，不用担心。在积累一些经验之后，你有机会重新回顾一下这张清单；在后面的章节中，你可以更新清单，添加当时最紧迫的触发情境。

评估触发情境

现在我们已经有了触发情境清单，就可以从研究者的角度进行评估了。这时，要用到SUDS工具，目标是更具体地了解自己在每种情境下的感受，这样我们就可以(在后面的章节中)设计和进行

"暴露实验"了。

下面是马丁对触发情境的评分,以及他对分数的解释。

马丁的报告

在编制清单之后,我给出了相应的SUDS分数。有时,我已经知道要打多少分了。比如我知道"穿衣服上学"就不会超过3分。我想象自己处在每个情境中,然后根据第20—21页的表格进行评分。

最后,我给5个情境评了10分。虽然"闲聊"的分数不总是10分,但是所有情境都不低于3分,这让我大吃一惊。我以为有些情境只有1分或2分。老实说,我在这些情境下的焦虑都不低于3分。我想如果通过学习这个方法,SUDS分数能降到1分或2分,那就太棒啦!

触发情境	SUDS分数
早晨起床,想一想今天上什么课	4—5
国际政治课	7—8
英语预修课	6—9
口头报告	10
穿衣服上学	3
上午课间休息	4
课间换教室	3—5
路过学生休息室	6
走进学生休息室	10
参加课后班	10
在社交媒体上发布社交动态	10
闲聊	8—10
去餐厅	8
去商店	8

以下是关于评估触发情境的一些提示：

（1）参考前面的章节

我在前面的章节介绍了使用SUDS评分系统的基本信息。在你进行评估之前，一定要重新阅读这一部分。如有需要，可以随时查阅。

（2）依靠直觉

快速地评分——你正在评估你的感受，不要想得太多。跟着你的直觉走。

（3）如有需要，可以使用分数区间

有些情境可能格外普遍，有些情境每天都会变化；即使是一些看似具体的情境，也可能有惊人的差异。比如，你的触发情境是上课发言，但仔细想一想就会发现，在王老师的科学实验课上发言，远比在希尔顿老师的英语课上发言更轻松——原因是实验课只有12个学生，而英语课的学生有30人左右。因此，为了反映这两种情况的差异，你可以给出SUDS的分数区间是5—7。

（4）检查分数

凭直觉打分之后，要检查一下这些分数。有没有漏项呢？如果有的话，你需要补上。还要注意你的分数是否非常一致。例如，你可能都打10分或接近10分——如果是这种情况（特别是分数都一样时），要看一看是否能区分一下，拆分出一些让你不太焦虑的亚情境。最终，让你得到的触发情境清单既包括非常不适（SUDS高分）的情境，也包括有点不适（SUDS低分）的情境。

常见的问题

提问： 如果我的触发情境太多，怎么办呢？

回答： 如果有较多触发情境，你可能感到有点沮丧或泄气。不过，一个人有很多的触发情境是很常见的！

你可能会想："我有这么多触发情境，我该怎么应对呢？"你要控制自己的思维谬误，尽量不要预测未来。一步一步向前走，在此过程中不断进行评估。

事实上，当开始进行"暴露实验"后，你不必把触发情境清单上的所有情境全都做一遍。这是因为泛化（generalization）的过程会让你将一种情况下的行为推广到其他情况——它既有不利的一面，也有有利的一面。

泛化不利的一面是，它会让你更加担忧。比如，你的一个触发情境是在学校餐厅里排队。你可能会把这种焦虑泛化到类似的情境，比如在杂货店里排队。你可能发现你以前在杂货店里排队时没有焦虑，而现在感到不适了。

庆幸的是，泛化也有有利的一面。比如，你在杂货店里排队的 SUDS 分数低于在学校餐厅里排队的 SUDS 分数。因此，你决定首先进行对"在杂货店排队"的暴露实验。这很有效！你在杂货店里排队时的焦虑感减轻了。还有意想不到的收获——你在学校餐厅里排队的分数也降低了！它比你在杂货店里排队的最初分数还要低。

为什么会这样呢？答案是泛化。你的大脑认识到在杂货店里排队不是糟糕的、可怕的以及危险的事情，并把这种认识泛化到在餐厅里排队等相关情境。无论处于哪个年龄段，如果你使用认知行为治疗方法，都会遇到泛化的现象。

提问：我不太想一直写监测日记。就算不监测，我也知道我的触发情境是什么。这有什么问题吗？

回答：在没有充分了解你清单上的触发情境之前，这个问题很难回答。你的记忆力也许很棒，即便如此，仍可能错过一些重要的情境，漏掉它们会让情况变得更加困难。

比如，你很确定自己的触发情境是什么，因此只列出了让你非常困扰的那些，清单中也只有 SUDS 分数非常高的情境。当进行暴露实验的时候，你没有办法从 SUDS 分数较低的触发情境开始，进而没有办法循序渐进地应对这些情境，这让实施过程变得更加困难，甚至导致你完成不了自己的暴露计划，强化你"没办法适应社交情境"的信念。

提问：我不太清楚如何区分触发情境和亚情境。你能解释一下吗？

回答：我所说的"触发情境"是指你感到焦虑和不适的总体情境。不过，在那一时刻或那个地方会发生许多不同的事情。你对一些事情更焦虑，而对另一些事情没那么焦虑。

比如，在学校里，你很害怕在别人面前说话。这是你的一般触发情境。现在思考一下，在他人面前讲话的情境下，还会发生什么——在英语课上，你还要站起来，面对20位同学讲一本你还没读完的书；在计算机社团例会上，你还要给6位同学讲一讲你写的代码；在戏剧社团里，你还要在舞台上面对数百位观众进行表演。虽然这都是在别人面前说话的情境，但你的SUDS分数是截然不同的。

这就是亚情境的由来。你可以把"在别人面前说话"的一般触发情境拆分成2—3个亚情境，例如"在英语课上发言""在计算机社团里演讲"以及"在戏剧社团演出中表演"。拆分的依据可以是在场的人数，也可以是你对讲话内容的熟悉度。识别这些具体的情境，有利于你设计"暴露实验"。你将从比较容易的情境开始，慢慢进入比较困难的情境。

提问：对于那些SUDS分数是10的触发情境，我必须进行暴露实验吗？一想到我要这么做，我现在就想放弃了。

回答：这是青少年刚开始接触认知行为治疗时经常出现的担忧，其实也是我们之前提到的"灾难化"和"预测未来"的例子。

答案是否定的，你不需要对SUDS分数是10的触发情境进行暴露实验。至少在这些情境是10分的时候，你不必这么做。只有当它们的SUDS分数下降，且你做好准备的时候，你才会进行暴露实验。

> 你可能会想:"那是不可能的。它的 SUDS 分数是 10,我是不可能降低分数的!"
>
> 我知道你会这么想,但是,你的大脑能快速地从经验中学到新东西。没必要担心会面对太多触发情境,也没必要担心触发情境的 SUDS 分数太高。你编制的触发情境清单及其 SUDS 分数不是一成不变的。随着你继续做下去,它们会发生很大变化。这就是社交焦虑缓解五步法的目标!

第二步　识别回避行为与安全行为

任何人都不喜欢疼痛感或不适感。社交焦虑会让人感到痛苦和不舒服,于是,我们想找到一些对策。遗憾的是,这些对策不太有效。下面有一些例子。

当贝拉必须使用学校的洗手间时,如果洗手间里还有别人,她就会感到焦虑。她害怕别人能听到她小便的声音。有时,这让她尿不出来。为了躲开这种痛苦的情境,贝拉想出一个对策:她在上学时不喝任何东西。如果非要上洗手间,她会在上课时和老师请假,避免碰到其他人。尽管如此,贝拉也不会轻易这样做,因为她不好意思上课时离开。

凯托喜欢在学校军乐队里打鼓。他知道自己打得很好。不过，他在足球比赛中表演时感到不舒服。他担心那些受欢迎的运动员和啦啦队队员觉得他很傻。他穿着土里土气的制服，感到特别不自在。凯托不敢看别人的眼睛，尽量沉浸在自己的表演之中。当运动员、啦啦队队员以及其他人称赞他和乐队的表现出色时，他却说："我们看起来就像是戴着蠢帽子、穿着蠢衣服的蠢货，这简直糟透了！"领队一宣布解散，他就立即脱下制服走开了。

安珀在与不熟悉的人互动时感到很焦虑。她尽量和好朋友待在一起。好朋友帮她缓解危机，代替她与别人进行交流。当安珀独自换教室上课的时候，她早早冲出教室，这样别人就不会和她说话了。

贝拉做出回避行为，凯托做出安全行为，而安珀既有安全行为也有回避行为。他们都靠这些行为来维持日常的生活，但也因此错失了克服自身焦虑的机会。要想克服社交焦虑，他们必须识别并逐渐停止自己的回避行为和安全行为。

这就是本章的目标。我们要探究一下自己如何使用回避行为和安全行为。首先，我们会讨论这些行为的细节、青少年一般如何使用它们，以及为什么这些行为有问题。之后，我们还要回顾一下所有的触发情境，识别自己在每种情境中采取的回避行为与安全行为。

事情是怎样变糟的？

你用什么方式应对焦虑

回避行为清单

躲开那些引发不适的情境可能是青少年应对社交焦虑最常见的方式。不过，每个人有不同的回避方式。有的方式明显，有的方式不明显。下面的清单列出了常见的回避行为，我们可以使用它来识别自己的回避行为：

- 避免眼神交流；
- 上课不举手；
- 上课不发言；
- 不选择需要口头报告的课程；
- 在线上课堂中不开摄像头；
- 不参加舞会；
- 参加活动时提前离开；
- 不在别人面前吃东西；
- 不在别人面前打电话；
- 卫生间有人的时候不去卫生间；
- 逃到图书馆；
- 躲进卫生间里；
- 不和别人扎堆，也不说话；

- 花时间找借口避开某个情境；
- 不分享自己的观点或爱好；
- 想象你在别的地方，不在当前的情境之中。

当浏览上面的清单的时候，你会发现一些行为是你经常做的，一些是你不经常做的，还有一些与你的行为相似，但又不完全相同。尽管如此，它们的共性在于都是回避触发情境的方式。

在这张清单中列出的大多数是直接的回避行为，但也有一些回避行为是间接的——它们只出现在你的脑海里，你没有做出真实的行为，例如"想象你在别的地方，不在当前的情境之中"。假设你在课间休息时感到非常焦虑，你看到一群同学在你周围逗留的时候，你会想象自己在机场里，告诉自己他们都是陌生人，这缓解了你当下的焦虑。虽然别人看不到你的间接回避行为，但这会导致与直接回避行为一样糟糕的后果。

安全行为清单

在触发情境中，你还可能做出某些行为或产生某些心理活动，使你害怕的结果不会发生。看一看下列哪些行为能引起你的共鸣：

- 遇到不熟悉的人，假装没有看到他；
- 小声说话；
- 发言时使用短句；

- 与别人交谈之前，在脑海中提前演练要说的话；
- 选择合适的位置，这样不会被别人注意到；
- 一直玩手机；
- 戴上耳机；
- 在脑海中回想自己说过的话，思考这些话听上去如何，别人会怎么想；
- 尽量严格控制自己的行为；
- 仔细观察别人，评估他们对你的反应；
- 询问别人你的表现如何或者他们如何看待你的行为；
- 使用酒精或其他药物来帮助自己放松；
- 用手、头发、书或衣服来掩饰自己的行为；
- 照镜子看一看自己有没有出汗或者脸红；
- 在参加社交活动之前，要花很多时间打扮。

你是不是很熟悉其中的一些行为呢？我只举了少量的例子，你的行为可能不太一样。此外，你还会发现很难判断一些行为是回避行为还是安全行为。别担心，下面有更多例子，而且你不需要在每个情境下都区分回避行为和安全行为。

看似在应对焦虑，实际却助长焦虑

关于这个问题，我不会讲得过于专业，只是告诉你为什么这些行为表面上帮助你应对焦虑，实际上却助长了你的焦虑，让情况变得更加糟糕。

原因1：它变成了一种习惯

我们避免做某件事，也就避免了做这件事可能产生的消极结果。回避行为让我们停止焦虑，大脑暂时感到放松，并随着时间的推移逐渐认识到回避行为是有效的，越来越依赖它。这样，我们就形成了习惯，而且习惯一旦形成就很难改掉。

心理学家称这个过程为负强化（negative reinforcement）——我们避免做某件事，这样坏事就不会发生。例如，贝拉避免在学校去洗手间，所以，她不会体会"感到恐慌"这一消极的结果，并逐渐习以为常，也不愿意想别的办法了。除非是特别紧急的情况，否则她不会在学校去洗手间。

正强化（positive reinforcement）则恰恰相反——我们因为某件事做得好而受到奖励，例如取得好成绩后买冰激凌奖励自己。

大脑在习惯的形成中起着重要的作用。我们会把回避行为与安全行为看作救生圈或避风港，例如和好朋友待在一起或一直看手机，就不会产生单独与其他同学相处时的不适感。当这些行为变成习惯时，大脑会把它们与危险联系起来——手机被当作逃离与不熟悉的人相处情境的救生圈，图书馆被当作躲过与同学共进午餐的尴尬情境的避风港，手机和图书馆本身不会引起焦虑，但焦虑的大脑总是警惕着周围的危险，以致形成了"哦，我在看手机。

附近一定有危险！"或者"我得去图书馆了，我一遇到麻烦就去那里！"的信念。

所以，即使我们认为自己在避免焦虑，大脑仍然在全力扫描危险的信号。最终，回避行为与安全行为的习惯加剧了焦虑。

原因2：学不到新东西

如果我们从来不冒险，总是做同样的事情，那么就学不到新东西。正如不下水就学不会游泳，社交焦虑也是一样，如果一直习惯于做出回避行为与安全行为，就不会知道在让人恐惧的情境下，即使不做这些行为，也不会发生可怕的事情，而且发现不了好事情会发生，也不知道自己能应对那些让人不适的社交场合，错过了发展社交技能的机会。

原因3：错过美好的事物

如果你总是做出回避与安全行为，可能错过一些重要的机会——注意不到别人喜欢你；也意识不到他们真的认为你风趣、聪明、漂亮等等。比如，即使其他同学喜欢凯托打鼓，他也感觉不到；他不知道如果他没有做出"脱掉制服"的安全行为，别人也不会嘲笑他；事实上，能认识如此有才华的演奏者，这让同学们很骄傲——即便他穿着土里土气的制服。

原因4：让问题变得更糟

不管我们喜不喜欢，我们都是社会性的生物，因此，我们自然会注意到彼此的行为，并试图理解行为的意图——这包括回避行为与安全行为，除非这些行为是间接的，否则别人都会看到它们。比如，你躲着别人，别人注意到了，也开始躲着你，下一次你需要或想要沟通的时候，问题就变得更困难了。

回想一下安珀的回避行为，她总是避免和不熟悉的人说话。你觉得其他同学会注意到这一点吗？当然会。他们怎么理解安珀的行为呢？即使安珀的目的是让自己更舒服、更安心，但是，别的同学会觉得她太傲慢、太古怪了。如果安珀不躲着他们，他们就不会这么想。但是，安珀的回避行为引起了同学们的注意，即使他们最初对安珀没有意见，安珀的行为也会让他们躲着她。换句话说，安珀的行为导致问题出现，她的焦虑得到应验。她的行为原本是为了保护她不被拒绝，结果招致别人的拒绝。

制作索引卡

在这一步中，你将识别自己在每种触发情境下使用的回避行为与安全行为，它们也是你在下一步建立暴露阶梯时应该关注的那些行为。

从触发情境清单开始。找到你的触发情境清单，在这些情境中，你既可能做出回避行为，又可能做出安全行为，也可能两者兼具。

准备一套索引卡。你可以使用纸质索引卡，也可以借助电子设备。在一张索引卡的正面写下一种触发情境；每一种情境对应单独的一张，你将根据情境清单制作一套索引卡。

整理索引卡。通过翻阅索引卡，你将每一次体验一种情境。你可以像玩纸牌一样，洗牌，拿起一张卡，之后再随机拿起下一张卡。

针对每张索引卡，想象自己正处于对应的触发情境之中，然后回想一下为了缓解不适感，你通常在事前、事中以及事后做出怎样的行为。问一问自己：

- 我做了什么样的回避行为？
- 我做了什么样的安全行为？

更具体地说，针对每种行为，你可以问一问自己：

- 我是在什么时候做的呢？
- 这是我的直接行为，还是我脑海中的间接行为呢？

现在，先在索引卡的背面找到这张卡的中心点，再从上到下穿过中心点画一条竖线。然后，在离中心线左侧约1厘米的地方画一条竖线，在离索引卡右侧边缘约1厘米的地方画另一条竖线。这样，索引卡的背面就被分成四栏了。在左边第一栏里写下你在这种情境中的回避行为，在第三栏里写下你的安全行为。如果你不确定它是哪种行为，也不要有压力，把它填到你猜测的那一栏里。

在后面的步骤中，你将使用第二栏和第四栏记录在这一触发情境中不做这些行为的SUDS分数。现在，暂时空着就可以了。不过，一定要保存好这些索引卡。你还会用到它们。

马丁的报告

马丁手头有一套触发情境的索引卡。以下内容节选自他的触发情境清单。

触发情境	SUDS分数
早晨起床，想一想今天要上什么课	4—5
路过学生休息室	6
英语预修课	6—9

我看到的第一张索引卡是"早晨起来，想一想今天要上什么课"的触发情境。我开始问自己："当我醒来的时候，我会出现怎样的想法和行为？"除非我知道今天没有国际政治课和英语预修课，否则我一直感到不安。于是，我仔细想一想今天有没有这些课，还想了一下我是不是非得路过学生休息室。我会尽量不去人多的地方。

我醒来后就想到这么多要发生的事情，其实是间接回避——我只想着如何避免这些情境。我醒来后做的安全行为是穿上低调的衣服。我把这些行为都写在这张索引卡的背面。

正面

> 上学日
>
> 早晨起床,想一想今天要上什么课
>
> SUDS 4—5

背面

回避行为	SUDS分数	安全行为	SUDS分数
想要逃课		想一想有没有让我焦虑的课程	
想要避开人群		穿上低调的衣服	

我抽出的第二张卡是"路过学生休息室"。每当我路过休息室的时候,我都会看一看谁在那里。如果斯宾塞和雷斯在那里,我就松了一口气。如果莎拉、彼特、佛朗哥或者其他受欢迎的同学在那里,我会变得非常紧张。

有时,我会赶着到下一节课的教室。这样我就能远离休息室了,所以,这是一种回避行为。如果我在学生休息室的周围也感到太有压力了,我就会逃到储物柜或图书馆那里。有时,我还会假装忙着看手机。我认为这是一种安全行为,但也有点像回避行为。原因是我戴上耳机,专心看手机,这样,我就能避免与别人眼神交流了。我在索引卡的背面写下了回避行为和安全行为。

正面

```
              路过学生休息室
                 SUDS 6
```

背面

回避行为	SUDS分数	安全行为	SUDS分数
避免眼神交流		冲过去	
想要远离人群		戴上耳机一直看手机	
逃到储物柜或图书馆那里			

然后，我抽出了"英语预修课"的卡片。如果当天的英语课上需要大声朗读诗歌，我就不想上课。我想让妈妈写张假条，这样我就不用去了。即便她不同意，我也会央求她。如果我真的感到特别紧张，我就装病。我把这些回避行为写在卡片上。

正面

```
               英语预修课

               SUDS 6—9
```

背面

回避行为	SUDS分数	安全行为	SUDS分数
找借口逃课		坐在教室后面	
想要逃课		假装很忙	
想要离开教室		避免眼神交流	
装病		语速快	
		小声发言	
		把手放在口袋里	
		戴上风帽	
反复思考别人会如何看待我的发言			

虽然我想出很多不上英语预修课的办法，但是，在多数情况下，我还是去了。为了不引起注意，我会坐在教室的后面。我假装很忙，这样赖尔登先生就不会叫我了。我只在他提问我的时候说话。我会尽快回答他的问题。我的回答很简短，语速也很快，声音也很低。这都是安全行为。

发言一结束，我就开始想刚才我有没有说错话或者表现得很怪异。我反复地思来想去。我的声音听起来又尖又哑，其他同学一定认为我很傻。赖尔登先生说他喜欢我的回答，所有人都看着我，我很讨厌这样的感觉。我开始颤抖、出汗。我把手插在口袋里，拉上风帽，这样同学们就看不清我的表情了。我迫不及待地想要离开教室。我意识到我在英语预修课中做了很多安全行为。所以，我把它们都写在卡片上。

常见的问题

提问：虽然你说这不重要，但我在区分回避行为和安全行为时感到很焦虑。我应该怎么做呢？

回答：不要担心！两者有许多重叠之处。事实上，许多治疗师在解释如何进行暴露实验时会一起谈论这两类行为，一些研究者在研究暴露的作用时也会一并考虑它们。我区分它们的原因是让你更好地理解自己的行为。如果我把它们统称为"安全行为"，你可能会漏掉那些回避触发情境的行为；如果我把它们统称为"回避行为"，你也许会漏掉那些为了保护自身安全而采取的行为。我想确保你没有漏掉任何行为！

以"避免眼神交流"的行为为例。假设你走近一群同学,担心他们会取笑你,想躲开他们。于是,当你经过的时候,你把目光移开了。你不看他们就是一种回避行为。假设你上课时担心被老师点名,于是做出了"一直低头看阅读材料,不看老师"的安全行为——你可以说你在"回避"老师,也可以说是在保护自身的"安全"。

尽管如此,两者的差别对克服社交焦虑来说并不重要。重要的是,要识别自己在触发情境中依赖的行为,进行暴露实验,这样,你在那些情境下的焦虑就会下降。

提问: 我能使用回避行为和安全行为吗?我还挺喜欢其中一些行为的。

回答: 总体来说,一些回避行为和安全行为有益于健康。这也许让你感到吃惊,但是请仔细想一想。假设一只凶猛的野生虎正在靠近你。如果你不想被老虎吃掉,最好的方式就是躲开它——这其实就是一种明智的回避行为。同样,我们系上安全带,以免在车祸中受重伤——这就是一种挽救生命的安全行为。

不过,你提的问题是"在没有遇到实质的危险或威胁时,能不能使用回避行为和安全行为"。社交焦虑就是这样的。你没有遇到任何真正的危险,所以,这些行为根本无法保护你。而且,随着你逐步完成社交焦虑缓解五步法的五个步骤,你将看到这些行为让你陷入了焦虑。因此,不要继续做出这些行为。当然,一定要避免靠近野生虎,也一定要系好安全带。

> **提问**：我无法想象自己在触发情境中不做出安全行为。当它一直持续出现，我怎样才能忍住不做呢？
>
> **回答**：我明白了。我经常听到这样的问题。有时，在我做青少年咨询的时候，来访者谈到相当多的安全行为，即便对我来说，这个数字也是惊人的。不过，我相信认知行为治疗不会让你失望的！最重要的一点是开始行动。不要浪费时间去琢磨这有多么困难，需要多长的时间。每个人的情况都是不一样的。
>
> 从你刚学到的视角来思考这个问题"设法确定最后的结果"实际上也是一种安全行为。这是你保护自己不去冒险和尝试的方式，也是你不采取行动的原因。
>
> 一旦你启动"五步法"，你的大脑就开始学习，你的焦虑状况也会逐渐缓解，随之你会更有信心和动力放弃回避行为与安全行为。你的收获取决于你愿意付出多少努力。感到崩溃的时候，与其烦躁不安，不如做点什么。在下一章，我会指导你怎么做。

第三步　建立"暴露阶梯"

暴露法（exposures）是最有效的缓解各种焦虑问题（包括社交焦虑）的方法。在这一章中，我们将了解暴露是什么以及如何进行暴露，并开始设计暴露实验的第一步：建立暴露阶梯。

学习如何使用暴露法，最好的办法就是看一看别的青少年是怎么做的，因此，我提供了大量的实例。在前一章中，我们跟着马丁一起整理他的触发情境，识别他在每种情境下的回避行为与安全行为。在这一章中，你会看到亚历克萨的故事。

　　无论是在餐厅内、教室里还是聚会上，当亚历克萨必须和不熟悉的同学说话的时候，或者要在他们面前发言的时候，她就会感到焦虑。亚历克萨总是自己带午餐，这样她就不用去餐厅和别的同学碰面了。不过，要想取得好成绩，她上课时就要发言。

　　例如，有一天，在社会研究考试之前，穆老师要求全班进行分组，每六人一组。最后，亚历克萨与一群爱说话的孩子被分在一组。这样，她要参与进去，就相对容易了：她只需要坐在那里，频频点头。

　　一个学生说："我不理解'选举团'的意思。它是做什么的呢？"

　　谁都不知道答案，他们都看向亚历克萨。

　　"来吧，"第一个学生催促道，"你知道这个词，给我们解释一下吧。"

　　"就是，"另一个学生说，"别藏着掖着了。"

　　别的学生都笑了起来。亚历克萨觉得她听到了有人嘀咕"自作聪明"。她看着他们，所有人都盯着她、等她说话，她怔住了。事实上，亚历克萨知道答案。她写过一篇关于选举团的专题报道。但是，她现在感到心跳加速，血液涌向脑袋，她几乎说不出话来。

"它是……它就是，"她结结巴巴地说，尽量不让声音颤抖，"如何在选举中获得真正的选票。"

她一边说，心里一边喊："你真笨！这根本不对。"她讨厌她控制不了自己的声音，别的同学可能注意到她很焦虑。他们会认为她不冷静、不聪明，表达不清晰，这让她觉得很难堪。

我们将跟随亚历克萨，看她如何准备第一次暴露实验。不过，我要先大体介绍一下"暴露"的概念，这样，你能更好地了解其内容以及它为什么有效。

在英语中，"暴露"是指以充分体验的方式接触某件事物。你可以暴露在许多事物之下：坏天气、诗歌、阳光、美食、创意、音乐等。当然，暴露的程度也有所不同。你可能喜欢一些暴露，而不喜欢另一些暴露。

在认知行为治疗中，"暴露"是指接触一个引起恐惧和焦虑的情境，同时不采取回避行为与安全行为，但是这样做不会带来实质性的伤害。正如我们在前一章中讨论的那样，如果你有社交焦虑，即使这些社交情境没有威胁，不会带来实际伤害，你也会认为它们是危险的，会感到不舒服。

此外，你也已经知道，回避行为与安全行为会让我们陷入焦虑的循环。为了打破这种不健康的循环，我们可以把自己一点点地暴露在不适的情境之中，循序渐进地适应情境，摆脱不适感。

暴露就像学习新东西：把它拆分成几个可控的部分，逐一练习，直到完全掌握为止。例如，假设你想在双黑道*上滑雪，你先要学会驾驭黑道的难度；假设你的目标是设计一款视频游戏，你要先学会编程。这与暴露的原理相似：从基础开始，不断练习直到精进。

无论学习什么，都可能体验到痛苦、挫折、窘迫、被嘲笑、尴尬、兴奋、恐惧。为什么要让自己处在这样的情境中呢？为什么要忍受这些感觉呢？原因是我们想实现自己的目标；我们知道如果犹豫退缩，就学不会想学的东西。于是，我们不断练习，冒着适度的风险，磨炼自己的技能，忍受失败和错误——我们知道这是进步的必经之路。克服社交焦虑也是如此。为了掌握新技能，你必须练习；此外，你需要有人教你怎么做——这就是我（还有这本书）的目标！

认知行为疗法有效的一个原因是可以循序渐进。它不是一种不游则沉的方法，不会一下子把你扔进深水区——如果是这样，就太困难了，多数人会很难鼓起勇气进行暴露。不过，如果从简单的暴露开始深入，逐渐靠近自己的触发情境，你就会发现自己能完成暴露，最终摆脱社交焦虑。下面的例子展示了一些青少年通过一次次暴露学到的东西：

---

*美国雪道的难度由易到难依次是绿道、蓝道、黑道、双黑道。——译者注。

- 我最害怕的事情并没有发生。如果它发生了，我并没有想象的那么难受。
- 在我不做回避行为与安全行为的时候,什么坏事都没有发生。
- 我能应付一定程度的焦虑，很快就能平静下来。
- 我担心的事情并没有发生。在开始暴露之前，我担心它很困难；在完成暴露之后，我惊讶地发现这比我想的容易多了。
- 别人并不像我认为的那样在意我。谁也不会说我很奇怪或者说我的坏话。
- 即使我做了很尴尬的事情,也没有那么糟糕。有时,还挺有趣的。
- 我不像自己认为的那样内向。即使很紧张，我也能聊天、提问或回答问题。
- 太让我惊讶了！别的同学喜欢和我说话。

确定暴露的类型

在开始设计"暴露阶梯"之前，你需要了解三种主要的暴露类型：现场暴露（in vivo exposure）、想象暴露（imaginal exposure）、身体焦虑感暴露（exposure to bodily sensations of anxiety）。在大多数情况下，你将进行现场暴露；不过，其他两种暴露也适用于一些特定的情况。

现场暴露

拉丁语中的 *in vivo* 是指"在生活中"，也就是说，这是在真实生活中，而不是在实验室环境下或者想象中进行的——你处于真实的触发情境，而不做出回避行为与安全行为。

许多暴露都是现场暴露。下面是三个例子：

- 亚历克萨的一个触发情境是进入学校餐厅。现场暴露是靠近或进入餐厅，不做出习惯性的回避与安全行为。
- 特洛伊在那些受欢迎的、他想一起玩的男孩身边时会感到焦虑。现场暴露是接近受欢迎的男孩或者与他们交谈，不做出习惯性的回避与安全行为。
- 如果克里斯必须坐在教室的前排，她会非常不舒服。现场暴露是坐在前排或靠近前排，不做出习惯性的回避与安全行为。

想象暴露

想象暴露是指调动所有感官（视觉、听觉、嗅觉、味觉、触觉），想象自己处在触发情境中，想象担心会发生的所有后果，但不做出回避行为与安全行为。

想象暴露适用于SUDS分数过高、无法进行现场暴露的情况。很多时候，在现场暴露之前可以先进行想象暴露，把它作为逐步适应暴露的第一步。想象暴露还适用于触发情境较少出现或几乎不出现的情况。

以下是前面三个例子对应的想象暴露：

- 亚历克萨想象自己进入餐厅，不做出回避与安全行为。

- 特洛伊想象自己接近受欢迎的男同学或者与他们交谈，不做出回避与安全行为。
- 克里斯想象自己坐在教室的前排或靠近前排，不做出回避与安全行为。

现在你可以快速试一下，想象一件与社交焦虑无关却让你恐惧的事，比如蜘蛛、蛇、老鼠顺着你的腿慢慢爬，或者龙卷风即将到达你家附近，想象它正在发生。在想象时，不要反复确认，也不要做出回避与安全行为。

假设在第一次想象蛇顺着你的腿慢慢爬的时候，你的SUDS分数是10。现在，请对这一情境进行10次想象暴露——每一次的SUDS分数是多少呢？它很可能下降了。我们的大脑一定会适应那些最初让我们恐惧的事物。试一试，看看会发生什么。

身体焦虑感暴露

社交焦虑往往伴随着强烈的身体焦虑感。例如，在触发情境中，你可能体验到颤抖、出汗、呼吸急促、胸闷、头晕、脸红或呼吸困难。一些青少年当发现自己很难进行正常活动时，会出现严重的身体焦虑感，甚至惊恐发作（panic attack）*——他们不仅害怕触发情境，也害怕这些感受，还担心别人会注意到自己的反应，对自己做出消极的评价。这

---

*惊恐发作又称急性焦虑发作，是指个体突然感受到强烈的身体不适，包括胸闷、心悸、出汗、失控感、濒死感等。——译者注。

些恐惧接踵而至。如果没有意识到这一点，可能同时面临着三种情况：

- 害怕在触发情境中被评判、拒绝、嘲笑以及感到不适。
- 体验到强烈的身体焦虑感，这些感受本身就令人痛苦。
- 担心别人注意到你的生理反应，由此对你做出评判。

例如，在受欢迎的男孩在场的时候，特洛伊呼吸急促，流了很多汗。他非常想和这些男孩聊天，不过，每当他这么想时，就感到心跳加快。他越发担心自己会呼吸急促。他一边担心，一边大汗淋漓。在这种情形下，特洛伊有三种恐惧来源：一是他害怕与受欢迎的男孩交谈，害怕对方的拒绝与对他的负面评价；二是他不得不应对痛苦的身体焦虑感；三是他担心别的同学看到他出汗而排斥他。

如果你担心自己的身体焦虑感，那么，身体焦虑感暴露适用于这种情况。从专业角度来讲，我们称之为"内在暴露"——这其实并不复杂，"内在"是指"出现在身体内部的"，内在暴露只是身体焦虑感暴露的一种书面说法。以下是内在暴露的例子：

- 有意地急促呼吸；
- 用细吸管呼吸；
- 原地跑步；
- 做俯卧撑（使身体发抖）；
- 吃辣酱（引起脸红或出汗）；
- 快速喝一杯热饮料（引起脸红和出汗）。

在进行内在暴露的时候，就像其他暴露一样，不要做出任何消除身体焦虑感的回避行为和安全行为。

逐渐适应暴露

建立暴露阶梯需要五步。第一步是选择最合适的触发情境。第二步是识别亚情境，这会使你的暴露更可控，帮你聚焦在相应的恐惧上。第三步是一旦选择了触发情境（或亚情境），要评估在不做回避行为与安全行为时的SUDS分数。第四步是对SUDS分数进行排序。第五步是根据排序，建立第一个暴露阶梯。我们将逐步完成这一过程；如果这听起来有点复杂，请坚持下去。

选择触发情境

你的任务是从触发情境清单中选择一个情境来进行暴露。最近的研究告诉我们，最先选择哪一种情境，并没有特定的标准。不过，我建议你从SUDS分数最低的触发情境开始。这会让你很容易进入暴露，并逐步完成暴露。

以下是第一次选择触发情境的一些提示：

（1）取出索引卡

如果你有纸质卡，可以把它们摊开，正面朝上。如果你使用的是电子卡，只看每张卡的正面。

（2）找到SUDS分数最低的索引卡

请注意，这里的分数是你在确定触发情境时给出的分数，它代表了你在这个情境下感到焦虑与不适的程度。以后，你还会有新的SUDS分数；不过，目前要从已有的分数开始。

(3) 如果有几张卡的分数都很低，该怎么办呢？

如果不确定要选哪一张卡，可以考虑一下它们发生的频率。例如，亚历克萨去学校餐厅、在学校与别人交谈以及参加舞会的SUDS分数都很低：她一年只有几次舞会，所以亚历克萨暂时不考虑它；她每天都会去学校餐厅，但每天只去一次；而在学校里，她每天要和别人交谈好多次——因此，她选择"与他人交谈"作为最先暴露的情境。

(4) 不要觉得自己在逃避挑战

你也许想从SUDS分数较高的触发情境开始。这是真正使你焦虑，你想要尽快克服的情境——如果你愿意，你可以这么做。如果你觉得这太有挑战性了，则可以把它分解成若干个小步骤或亚情境，最终达成目标。

(5) 考虑亚情境

你可能担心即使是面对SUDS分数最低的情境，自己也难以忍受。为此，你可以把这个情境拆分成几个亚情境，然后从SUDS分数最低的亚情境开始。事实上，即使你认为自己能应对SUDS分数最低的情境，也可以选择从其中某个亚情境开始。现在我介绍一下亚情境。

识别亚情境

我们在列出触发情境的时候已经尝试过识别亚情境了。例如，马丁意识到早晨的情境包括很多让他焦虑的情境，因此他拆分出

"穿衣服"的亚情境。找出亚情境有助于我们理解与应对触发情境。下面看一看亚历克萨的经历。

亚历克萨的报告

我首先选择的触发情境是在学校里与他人交谈。它的 SUDS 分数是 4—6——这是个分数区间，提示我可以考虑一下亚情境。这样，我开始思考我在什么时候很难开口，什么时候更容易说话。

最大的区别是我说话时面对多少人。最糟糕的情境是在全班同学面前说话——所有人都盯着我，我的大脑一片空白。这个亚情境的 SUDS 分数是 6。不过，小组讨论并不可怕——当只有五六个人的时候，我通常看着其中一两个人；我还会与朋友一起加入小组。这个亚情境的 SUDS 分数只有 4。

除了人数的多少之外，其他因素也影响"与他人交谈"情境的 SUDS 分数。一个因素是话题。如果话题是我熟悉的内容，我在全班同学面前讲话时就更加自信——它可以是涉及事实的任何话题。比如谈论历史的 SUDS 分数是 5，而讲法语的分数至少是 6。另一个因素是我对老师的感觉。如果我觉得老师喜欢我，我在他的课堂上发言的 SUDS 分数是 4—5。

在考虑所有亚情境之后，我决定首先选择"小组讨论"，它的 SUDS 分数最低，而且我们在好几门课上都会分组，所以我会有很多机会进行暴露。

以下是识别亚情境的一些提示：

（1）回顾触发情境清单

选定第一次暴露的触发情境后，看一看能不能进一步拆分。你在编制触发情境清单时可能已经进行过这一步骤，但如果你担心当时评估的 SUDS 分数过高，则需要再回顾一下清单。

（2）具体

进行暴露的情境要尽量具体。亚情境能让你的暴露阶梯更平缓，让暴露变得更可控，也让你更有信心，更容易成功。

（3）考虑对分数区间进行拆分

留意 SUDS 分数处于一个区间（比如 2—3 分或 3—5 分）的情况。识别出区间内分数最低的亚情境，从这个亚情境开始暴露比较容易。

进行 SUDS 评分

选好第一次暴露的触发情境是迈向成功的第一步。暴露应该是适度的，既不太困难，也不太容易。为了确定自己的承受力，我们需要在不做回避行为与安全行为的情况下评估自己的焦虑程度，进行 SUDS 评分。

在制作索引卡时，你已经把对每个触发情境的 SUDS 评分写在索引卡的正面，但当时你还没有考虑到在触发情境中不做回避与安全行为的情况。现在，你要记住不做这些行为的感受，同时再看一看 SUDS 分数。

找到你选择的那一张触发情境索引卡，填写索引卡背面的纵栏。对于每种行为,你需要评估一下如果你不做这种行为,SUDS分数将是多少。如果需要的话,可以回顾一下关于SUDS评分系统的说明。

亚历克萨的报告

亚历克萨对"小组讨论"这一触发情境的SUDS评分是4。

卡片的正面:

小组讨论

SUDS 4

卡片的背面:

回避行为	SUDS分数	安全行为	SUDS分数
只有别人对我说话,我才开口	4	提前演练	7
等候最佳的发言时机	5—6	不看别人的眼睛	4—5
		当他人说话时一直点头	5
		简短发言	6

我们参与小组讨论是要记分的。要想取得好成绩，就需要发言。此外，我们还要在没被点名的情况下积极发言。穆老师说主动性是大学生活必备的能力。可是我做不到，即使我没说话，也觉得别人盯着我。因此，我的一个回避行为是只有别人对我说话，我才开口。我在对应的SUDS分数一栏中写下4。我的另一种回避行为是等待最佳的发言时机。如果我第一个发言，我会更焦虑，它的SUDS分数是5—6。实际上，在我鼓起勇气之前，别的同学把我想说的话都说完了。我没话说，只能点头表示我同意对方的观点。如果我不能做点头的安全行为，我的SUDS分数是5。

我在小组讨论中的安全行为是不看别人的眼睛。如果不这样做，我的SUDS分数是4—5。我还会在脑海中反复演练我想说的话——我没法想象自己不演练就发言；如果不演练，我就会出错。它的SUDS分数是7。我惊讶地发现，不提前演练的SUDS分数远高于卡面正面的（即做出安全行为和回避行为时的）SUDS分数。

以下是关于SUDS评分的提示：

（1）记住，这次是不做这类行为时的分数

如果你感到困惑，仍然认为这些分数对应的是做出某项行为，那么，可以使用"不""没"之类的前缀。例如，如果你的卡片上写着"避免眼神交流"，你可以改成"不要避免眼神交流"。如果你使用的是电子索引卡,那么,为了让自己思路清晰,你可以再做一张新卡。

(2) 预计会出现更高的SUDS分数

绝大多数情况下,索引卡背面的新分数会高于正面的原始分数,新分数反映的是在不采取回避行为与安全行为时出现的感受。你为什么会依赖这些行为?因为它们在短期内是奏效的;但长期来看,它们助长并维持了你的焦虑。

对 SUDS 分数排序

你已经将不做回避行为与安全行为的SUDS评分填到了索引卡背面。现在,你要用这些数字来建立第一个暴露阶梯的梯级。

首先,由低到高对SUDS分数排序,SUDS分数最低的行为是第1级,分数最高的行为是最高级。你可以在索引卡背面的行为前标上序号,并把序号圈出来以便区分,这样就不会把它与正面的SUDS分数混淆了。如果你使用的是电子索引卡,还可以用不同的颜色来区分序号。

然后,区分分数相同的行为,要思考一下哪种行为更困难,把它排在后面。如果你觉得它们的困难程度几乎一样,那么,你想先对哪种行为进行暴露,就把它排在前面。这样做的目的是让每一种行为都对应不同的序号。

最后,把回避行为和安全行为综合排序。之前,你已经把两类行为分列两栏了,这是为了理解你做出这些行为的原因。现在,你要综合考虑它们。下面是亚历克萨的例子:

回避行为	SUDS分数	安全行为	SUDS分数
① 只有别人对我说话,我才开口	4	⑥ 提前演练	7
④ 等候最佳的发言时机	5—6	② 不看别人的眼睛	4—5
		③ 当他人说话时一直点头	5
		⑤ 简短发言	6

请迅速行动!花几分钟时间排序,不用精益求精。在第一次暴露之后,你的SUDS分数就会下降,它会随着时间的推移而发生改变。

建立暴露阶梯

大多数认知行为治疗师会用阶梯的比喻来形容暴露,因为它的范围是从底部(最容易)到顶部(最困难)的,你可以一次登上一个可控的梯级。暴露阶梯一般有四五级,但这不是固定的;有时,根据情境的难度,你需要更多梯级,这样每一步都不会太难。

在一张新的索引卡或干净的纸上建立你的暴露阶梯。根据SUDS分数排序,确定阶梯上的每一级。将第一级放在最底部。

亚历克萨对"小组讨论"建立的暴露阶梯有6级。她排在第1级的是"只有别人对我说话,我才开口",这是最低的梯级。注意,她不再区分回避行为和安全行为了。

6 提前演练 (SUDS 7)；

5 简短发言（SUDS 6）；

4 等候最佳的发言时机（SUDS 5—6）；

3 当他人说话时一直点头 (SUDS 5)；

2 不看别人的眼睛（SUDS 4—5）；

1 只有别人对我说话，我才开口 (SUDS 4)。

> ### 常见的问题
>
> **提问**：我没办法适应触发情境，我真的做不到。
>
> **回答**：我经常听到这样的话。事实是你能适应触发情境。如果你反复暴露，就会更快地适应触发情境。这是暴露的作用之一。你的焦虑会减少，SUDS 分数也会下降。适应某一事物的结果被称为习惯化，它的效果非常好！
>
> 2015 年之前，认知行为治疗暴露法的目标是降低 SUDS 分数。不过，研究者意识到这是有问题的。如果唯一的目标是降低焦虑，这会让人们觉得焦虑是有害的，必须要摆脱它，以至于无法忍受一丁点儿焦虑。事实上，有点焦虑是正常的，所以，与其消除所有的焦虑，不如认识到自己能忍受一些焦虑。如果在每一次焦虑时都认为焦虑是有害的，那么，你将会体验到更多的焦虑。

如果你还是没信心,可以在现场暴露之前尝试一下想象暴露,或者把触发情境拆分成可控的亚情境。例如,你想在社交情境中不回避眼神交流,那么可以首先选择在误间遇到一群同学时不回避眼神交流。

提问:我喜欢想象暴露。我的想象力很棒!我可以全部进行想象暴露吗?

回答:想象暴露非常适合一些情况,但不要完全依赖它。使用想象暴露最常见的原因是你担心现场暴露让你感到不适;另外,想象暴露还适用于你无法到场或者情境偶然出现的情况。例如,你想对"参加"舞会进行暴露,但你感觉太难受了,根本到不了舞会现场,而且舞会也不是每天都有的。在这种情况下,你可以选择想象暴露,想象自己正在参加舞会,同时不做出回避行为和安全行为。但是,不要就此止步。如果有机会,还要进行现场暴露。这样,你更有可能克服在舞会中的社交焦虑。

提问:我需要建立多少个暴露阶梯呢?

回答:视情况而定。你可以针对每种触发情境(也就是每张索引卡)建立一个暴露阶梯。不过,在做完一种情境的暴露之后,其他情境的 SUDS 分数很有可能下降。随着你不断地进行暴露,这个过程会越来越简单。你唯一要做的就是开始进行暴露实验。

第四步　进行"暴露实验"

恭喜你建立了第一个暴露阶梯,并确定了阶梯上的第一级!走到这一步,你已经做了很多工作,即将要进行暴露了。暴露是指在面对触发情境时不采取回避行为和安全行为。虽然一想到暴露就感到有点害怕,但你是可以做到的!你已经拥有了所需的所有工具,也明确地知道自己在做什么,这会确保攀登暴露阶梯的过程更加平稳和有效。

下面,我将从总体上介绍暴露的过程,带你了解在第一次暴露实验之前需要做哪些准备。我还会介绍"箭头向下"技术,它会揭示你在触发情境中最深层的恐惧。你真正害怕的事物可能会让你大吃一惊!

我喜欢把暴露看作"实验"——它就像在科学课上所做的实验。实验是发现的过程。通过暴露,我们会发现当我们不做回避行为或安全行为的时候,结果是否如预测的那样糟糕;以及面对触发情境时,自己可以忍受何种程度的焦虑。

例如,你担心和别的同学打招呼,他们会取笑你。通过暴露实验,你会发现当你打招呼的时候会发生什么;如果不进行暴露,你就没办法知道你的恐惧与实际情况之间有没有差别。如果你上课举手,老师叫你回答问题,你担心自己紧张得说不出话来。通过暴露实验,你会发现在被点名的时候,自己到底能不能说出话来。

你在摇头吗?你不确定自己能否学到有用的东西吗?没关系!你不一定要相信我的话。相反,我希望你去做实验——保持开放的心态，自己去探索。只有一件事情被多次证实，你才会相信它。去证实的人不是别人，而是你自己！

你可能记得在科学课上做实验时，不能凭直觉行事，而要使用精心设计的流程。以下是你需要遵循的流程。这是一个循环式的流程，当你完成第一次暴露实验时，你会在第二次暴露实验时重新开始这个流程。

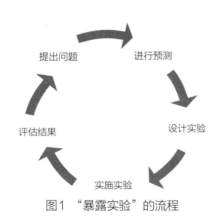

图1 "暴露实验"的流程

提出问题

所有的暴露实验都在回答同一个基本问题："在触发情境中，当我不依赖于习惯性的回避行为和安全行为时，我最担心会发生什么？"针对你设计的每一次暴露实验，都要问一问自己这个问题。

胡安妮是校足球队队员，非常担心自己在别人面前犯错误。虽然她很出色，渴望以后能在大学里踢球，但她焦虑得几乎要放弃了。以下是她在"足球训练"触发情境下的第一个暴露阶梯：

5 级　想在训练时早退 (SUDS 6)；
4 级　即使我的膝盖不疼，也告诉教练膝盖疼 (SUDS 5)；
3 级　让妈妈告诉教练我生病了 (SUDS 4—5)；
2 级　一个人热身 (SUDS 4)；
1 级　为了避免失误，踢球太保守（SUDS 4）。

在胡安妮将进行的暴露实验中，第一级是在参加足球训练时，不做出"踢球太保守"的行为，它的 SUDS 分数是 4。一个人热身的 SUDS 分数也是 4，不过，她选择放弃"踢球太保守"这一安全行为，原因是她知道如果自己犹豫退缩，就发挥不出最佳水平。

对此，她提出以下问题："如果我踢球不保守，尽力拼抢，我最担心会发生什么呢？"

进行预测

你可以回答自己刚才提出的问题，预测将发生什么。这是一种基于恐惧的预测，它表明如果你不做出特定的回避行为与安全行为，你害怕会发生什么。

胡安妮：如果我去参加足球训练，踢球不保守，我将感到超级焦虑，并且出现失误，所有的女孩都会嘲笑我。我可能因为失误太多而被踢出球队。

陈：如果我走在校园里不戴耳机，我就必须面对那些和我说话的同学。我没办法避免交谈，这让我非常紧张。我可能脸红，说话开始结巴，他们还会取笑我。

苏菲：如果我在别人面前吃东西，我会紧张到有点恶心，甚至可能想吐出来。如果我不呕吐，别的同学会看到我的身体在发抖，觉得我很奇怪。他们不想和我待在一起。

凯尔：如果我在全班同学面前不用一个词或几个短句来回答问题，我会说一些蠢话，并开始出汗。每个人都会看到我汗流浃背、紧张不安的样子，这让我更害羞、更焦虑。他们会认为我是个白痴，什么都不懂。

在这些例子中，四个同学深入思考了自己的预测。我希望你也能这样做。为了深入了解自己的恐惧、做出最有效的预测，他们使用了箭头向下技术——这项练习能帮我们把自己的预测变成有效的实验。

箭头向下技术

你可能觉得"向下的箭头"听起来像一种新舞步的名字。但并非如此，它是关于"如果不做出回避行为与安全行为，你预测会在触发情境下发生的坏事"的一系列问题。你要沿着箭头的方向，依次回答这些问题。

认知行为治疗中有一个概念，叫作恐惧的结构。你将在这个练习中揭示自己的恐惧结构，也就是恐惧的根源；你还将看到自己每一次处于触发情境中时，大脑是如何管理你的感觉和期待的。我知道，你的恐惧一开始可能会让你感到害怕，但是，知识就是力量，你将学习如何让这种力量为你所用。

要理解这项技术，请想一想"深入探究"对研究者来说意味着什么——从一个问题开始；得到答案后，针对这个答案再提出一个更具体的问题……以日常生活为例。

爸爸：晚餐想吃什么呢？

儿子：意大利面！

爸爸：哪种意大利面呢？

儿子：意大利细面条怎么样？

爸爸：加不加肉丸？

儿子：不加。

爸爸：上面放帕尔马干酪吗？

……

箭头向下技术是指深入探究"如果我在触发情境中不做出回避行为与安全行为，将发生什么？"你可能问过这个问题，但是否止步于"我实在应付不来""我会感到特别尴尬"或"我会焦虑得无法忍受"呢？我们很容易选择第一个进入脑海的最明显的结果。因为深入思考会带来焦虑，所以我们往往不求甚解，只想回避那个情境。但是，如果止步不前，我们将停在那里；如果想克服社交焦虑，就需要进一步探索，找到自己在特定触发情境下的恐惧根源。这听起来不太容易，但大多数人很快就掌握了诀窍。你准备好了吗？为每一种情境准备一张"箭头向下工作表"。你也可以在笔记本或手机上创建工作表。

以下是需要遵循的流程：

箭头向下工作表

情境：_____

在这个情境中会发生什么？_____

⇩

如果真的如此，会发生什么？_____

⇩

如果真的如此，会发生什么？_____

⇩

如果真的如此，会发生什么？_____

⇩

如果真的如此，会发生什么？_____

① 选择情境

从暴露阶梯的第一级开始。在工作表的上方写下这个情境的名字。

② 想象自己处于那个情境

问一问自己"如果我在这一情境下不做出回避行为与安全行为,我最担心会发生什么呢?"这是你的第一个箭头。

一开始,你会发现自己这样回答:"如果是这样,我会去洗手间让自己冷静下来。"但这是答非所问——去洗手间冷静只是另一种回避或安全行为。为了得到真正的答案,你需要排除你曾用以应对触发情境的各种方法,然后问自己:"如果我已经在触发情境之中,而且,我不能逃离,将会发生什么?"

③ 写下你认为将会发生的事情

在第一个箭头上方写下你认为将要发生的事情。你的答案带有自己的独特性,以下是一些常见的回答:

- 我会感到难堪。
- 我会感到超级尴尬。
- 我会感到特别紧张。
- 我会发抖。
- 我会脸红。
- 我会出汗。
- 我的声音会发颤。

回答时不要过多思考。只要你的答案不是回避与安全行为,那就不是"错误"的答案。只要对自己诚实,你就没有错。

④ 向下至第二个箭头

这时,你往往会想"是的,我感到超级尴尬",然后就结束了。不要这么快——不要用这么简单的答案敷衍自己,这正是深入探究的关键点!不要停滞在第一个答案上,而要继续提问,深入探究下去。

你需要重新组织一下你的问题:"如果我产生这样的(即第一个箭头指向的)感受或体验,之后会发生什么?"例如,在"我感到超级尴尬"后,问一问自己:"如果我感到超级尴尬,将发生什么?"

同样,你的回答不能是另一种回避行为或安全行为。在工作表的第二个箭头下写下你的回答。

⑤ 继续深入探究

坚持下去,不断向自己提问,直到触及内心深处的恐惧为止。你可能认为它们不太现实,甚至认为它们是荒谬的。没关系,不用在意!这些想法展现了你的大脑如何让你感到焦虑,所以,找出它们是非常重要的;而更深层的恐惧助长了你的社交焦虑,你可能还没有意识到这一点。因此,你要做的是发现这些想法具有非理性的特征,而不是只想着我的想法应该是怎样的。记住,这样做的目的是了解你的恐惧结构。

箭头向下工作表模板中有4个箭头，但你在深入探究时需要用到多少个箭头，这并没有定论，我建议你在每个触发情境中至少使用5个；如果你只用了2—3个，则很可能还没有发现这个触发情境下的深层恐惧到底是什么。在下面的例子中，你会看到胡安妮已经用了10个箭头，她还可能继续探究下去。

在深入探究的过程中，没有错误的答案，没有唯一的答案，也没有唯一"真正"的恐惧。你可以持续探究下去，最终发现"就是它！这才是我真正害怕的！"从理论上讲，我们都可以在余生中一直保持研究自己的恐惧结构的习惯！这里的关键点是要剥开恐惧的表层，获得新的自我认知。

此时，你也无须担心你的深层恐惧是不是真实、正确的。你将通过暴露实验进行验证。现在，只需要记住：你有强烈的基于恐惧的想法，这是很正常的。即使你意识不到这些想法，也不知道它们是非理性的，它们依然存在于你的脑海之中，提醒你可怕的事情即将发生，迫使你做出回避行为与安全行为。使用箭头向下技术能帮你发现恐惧结构，你将开始揭开它们的秘密。

胡安妮的箭头向下之旅

箭头向下工作表

情境：足球比赛的赛前训练，踢球不保守。
在这个情境中会发生什么？我将感到超级焦虑，可能还会失误。

⇓

如果我感到超级焦虑，还失误了，会发生什么？别的女孩会注意到，开始背后议论我。

⇓

如果别的女孩看到了，开始背后议论我，会发生什么？我会更加紧张，出现更多的失误。

⇓

如果我更加紧张，出现更多的失误，会发生什么？她们将认为我很差劲，应该退队。

⇓

如果她们想让我退队，会发生什么？我将非常尴尬，根本不想打球了。

⇓

如果我非常尴尬，根本不想打球了，会发生什么？我将难受得想吐出来。

⇓

如果我难受得吐了出来，会发生什么？她们将嘲笑我，和所有人说我神经兮兮的。

⇓

如果她们嘲笑我，说我坏话，会发生什么？我的表现会更差，教练让别人代替我上场。

⇓

如果我的表现越来越差，教练不让我上场，会发生什么？这将改变我整个人生计划。踢足球是我最重要的事情；有大学已经开始找我面谈了。

⇓

如果我的人生计划被打乱，我得不到奖学金，会发生什么？我会感到超级郁闷，甚至不想去上大学了。

⇓

如果我不去上大学，会发生什么？我的人生完了。我的父母、家庭、教练和所有人都会对我失望的。我可能会一蹶不振。

一开始，我不想尝试这个技术，原因是我担心如果不做"踢球太保守"的安全行为，我在练习时将更加紧张。事实上，这种情况并没有出现。所以我放松下来了。

在第一个箭头之前，我问自己："如果我去训练，踢球不保守，会发生什么呢？"这个问题不难回答。

在第二个箭头之前，我问自己："如果我超级焦虑，还失误了，会发生什么呢？"我立刻想到会发生什么。我会找借口逃避训练，比如假装扭伤了腿。不过，我意识到这是一种回避行为。于是，我继续探究下去。我停下来，在脑海中想象这一场景。这让我意识到我担心别的女孩会注意到我很焦虑，开始在背后议论我。我把它写下来。

我又画了几个箭头。一开始，我觉得自己在绕圈子，只是加了更多的箭头。简单来说，就是我感到焦虑，这让别人觉得我很古怪，当别人觉得我很古怪时，我就更加焦虑了。我认为要想真正理解我的恐惧结构，我需要五个以上箭头。

能掌握箭头向下技术的诀窍，这让我感到很高兴。这时，我发现我的担忧非常强烈。我担心别的女孩怎么看我，这在我的脑海里就像滚雪球似的。我出现了预测未来和灾难化的思维谬误。这一刻，我担心别的女孩在背后议论我；下一刻，我想到我焦虑得没办法踢球了，我的人生全完了！

我的妈妈、我的教练、其他的女孩总说我踢得很好，但是，我不相信他们说的话。我认为他们只是好心安慰我。他们让我想一想我踢进了多少个球，但我仍然觉得自己不够好。不过，我在其他时间能尽情地踢球。在那些日子里，我觉得我的努力是有回报的。我在多数情况下都踢得很好，能为球队进球得分，而我居然那么担心自己踢不好，这真是太奇怪了。

> **常见的问题**
>
> **提问：** 如果我基于恐惧的预测被证实，会发生什么？要是坏结果真像我想的那样发生了，该怎么办呢？
>
> **回答：** 在社交情境中，我们无法完全避免尴尬与不适的感觉。每个人都会犯错的！有社交焦虑的人往往竭力把每件事情都做得完美，这样就不会得到消极的评价。但是，坚持不切实际的标准，注定会失败。它会引发我们的焦虑，引起别人的反感、破坏友谊。最重要的是，这是一个不可能达到的标准。我们最好学会忍耐这件不可避免的事情。
>
> 暴露的一个目的是让我们有机会知道"别人不会在意我犯的错误""别人不会公开指责我"；暴露的另一个目的是让我们知道"即使我做了一些让自己难堪的事情（比如弄洒或者弄掉了东西），遭到别人的负面评价，我也是可以承受的"。因此，我经常建议青少年进行"有计划性的尴尬暴露"。他们暴露阶梯上的梯级包括弄洒了东西、弄掉了东西、穿着有污渍的衬衫

四处走动、故意问咖啡馆店员卖不卖咖啡等等。在这样的情境下进行暴露，让他们知道自己能够应对尴尬。

提问：我应该多久使用一次箭头向下技术呢？

回答：对每个触发情境使用一次，或者让每一种情境对应一张箭头向下工作表。一旦了解这一情境下恐惧结构和行为的细节，就不需要重复使用了。

一些人一旦感到焦虑，就使用箭头向下的练习。这样做是错误的。他们认为这将让他们看到自己的恐惧是非理性的，他们的感觉会好一点。这样一来，箭头向下技术就成为一种安全行为——一种快速减轻焦虑的方法。这不是箭头向下技术的目的，所以请不要过度使用。

提问：只知道我的恐惧是非理性的，这对我来说没有帮助。箭头向下技术会有帮助吗？

回答：许多有社交焦虑的青少年的确意识到他们的恐惧是非常严重或非理性的。但是，光靠这一认识，还是不够的。箭头向下技术的目的不是让你看清原因，而是帮你了解自己的恐惧结构。当你更清楚大脑的工作机制时，就能设计出更有效的暴露实验，这样，你将更准确地瞄准你预测的可怕结果。

设计实验

暴露实验可以检验我们基于恐惧做出的预测是否准确。因此，预测越被质疑和否定,新认识就会越牢固。

在进行暴露实验之前,需要填写一份事前工作清单。你可以复印下面的模板,也可以在笔记本或手机上把这些问题抄下来。

事前工作清单

我计划做什么?＿＿＿＿＿＿＿＿＿＿＿＿＿＿＿＿＿＿＿＿

我最担心的事情是什么?＿＿＿＿＿＿＿＿＿＿＿＿＿＿＿＿

我如何知道自己预测的事情真的发生了?＿＿＿＿＿＿＿＿＿

我在多大程度上认为自己的预测是正确的(0—100%)?＿＿＿

我的 SUDS 分数是多少?＿＿＿＿＿＿＿＿＿＿＿＿＿＿＿

我想做出哪些回避行为或安全行为?＿＿＿＿＿＿＿＿＿＿＿

我有多大信心在不做出回避行为与安全行为的情况下完成暴露实验(高/中/低)?＿＿＿＿＿＿＿＿＿＿＿＿＿＿＿＿＿＿＿

在填写清单前,我们需要更仔细地分析一下这些问题,为第一次暴露实验做好准备。我希望你能把事前工作清单作为暴露计划的路径图,因此,我举了两个例子:一个例子在第110页,是由胡安妮填写的;另一个例子在第119页,是由季娅填写的。这样,你会看到它是如何在两种不同的触发情境下发挥作用的。

你计划做什么?

在事前工作清单的第一行,写下计划的名称。思考一下在你的计划中,检验预测结果需要哪些特定的条件。为了厘清这些条件,

问问自己以下问题:

- 我需要在哪里和谁一起进行暴露实验?
- 我需要在什么时候进行暴露实验?
- 我需要暴露多长时间?
- 我需要多久进行一次暴露实验?

① 我需要在哪里和谁一起进行暴露实验?

计划要尽可能具体。比如,你的触发情境是学校餐厅,如果选择了没有人的餐厅,那么你不会感到焦虑,也就不会有SUDS分数*。SUDS分数与餐厅里有多少同学,有什么类型的同学,在餐厅的哪个位置,等等因素有关。在中午的用餐高峰期走进餐厅,许多受欢迎的同学都在那里,这时你的SUDS分数要高于从英语教室走到相邻法语教室的SUDS分数。因此,要确定暴露实验的地点。

同样,要思考一下哪些人会出现,这将减少你在触发情境下的不适感。你最有可能选择的人是你的同伴。不过,还需要认真想一想在那个情境下谁会触发你的焦虑。是男同学、女同学、受欢迎的同学、帅气的男孩、漂亮的女孩、爱好运动的男孩、比你年长的同学,还是你不熟悉的同学? 或者是老师? 如果触发情境是在某一门课上,要想一想你的SUDS分数与学生的人数有没有关系。

此外,重要的一点是要找到可以练习的相似情境。比如,计划

---

* 我们也可以理解成SUDS分数是0。——译者注

去不同的餐厅，而不只是在同一间餐厅里；或者计划除了在社会研究课上发言之外，还要在英语课上发言。你可以发挥一点创造性，也可以在吃饭时与同学、朋友分享你的见解。在刚开始的时候，只有足够具体的计划才能针对你的恐惧结构；之后，你要扩大范围，纳入SUDS分数相似的情境，这样才有尽可能多的机会进行练习——但是，这个范围不要延伸到暴露阶梯的另一级了；不过，如果你想这样做，而且感觉没什么问题，那就去做吧！

② 我需要在什么时候进行暴露实验？

如果可以的话，你应该每天进行暴露实验。查看一下日程安排，确定最佳的练习时间——这是由情境本身决定的，例如，社会研究课和学校集会都有固定的时间。

尽管如此，你设计的大多数暴露实验不会在既定的时间里出现。面对这种情况，如果你想等到自己"心情好"或感觉"合适"时再进行暴露，那就有问题了。首先，这是一种回避行为。此外，它会让你一整天都很紧张，忧心忡忡。因此，要设定合理的暴露时间。例如，如果你的暴露目的是不做出"假装没看到受欢迎的同学"的行为，那么，要想一想你会在什么时候遇到他们，如果选择在课间休息或放学之后练习暴露，可以在手机上设置提醒，确保按计划进行。

③ 我需要暴露多长时间？

你应该一直进行暴露，直到你认为预测的结果不会出现为止。暴露的时间要视情境的特点与你担心的结果而定。例如，你的暴露实验是在餐厅里不做出"假装没看到受欢迎的同学"的安全行为——一分钟能够让你检验出别人是否完全忽视你或侮辱你吗？还是五分钟更合适呢？如有必要，可以用手机设置定时。再如，你的暴露实验是在社会研究课上发言，检验是否会大脑一片空白，那么，需要发言多少次才会出现这种状况？只要举手发言就行了吗？还是你需要长时间的发言呢？多长的时间才够呢？如果你不确定，可以参照班里其他同学的平均水平。

要为暴露实验提供足够的时间，让自己能在不做出回避行为与安全行为的条件下适应情境。根据经验来看，长时间处于触发情境之中或者多次重复暴露，都能让我们获得新的认识。

④ 我需要多久进行一次暴露实验？

每一次暴露实验不需要用很长的时间，但是，要确定暴露实验的频率——暴露得越频繁，在触发情境下的焦虑程度降低得越快。如果选择一个经常出现的情境，你的进步会很快。因此，理想的状态是每天分散地进行暴露实验，比如早上一次、中午一次、下午一次、晚上一次，暴露的次数没有上限。这样，你就不会落入"应付了事"的陷阱——在认知行为治疗中，我们称之为"过度紧张"，它是一种妨碍你学习的回避方式，阻止你学会忍耐触发情境。

当然，一些触发情境出现的次数较少，你不可能每天做好几次暴露实验。例如，当触发情境是在社会研究课上发言时，你只能在这门课上进行暴露；不过，你可以在一堂课中进行好几次暴露实验。

陈的暴露是在与其他同学交谈的时候，不做出戴耳机的安全行为。他不戴耳机到校的 SUDS 分数最低，因此，把它设定为第一级。他决定在一周上学的五天里不戴耳机。他有信心在上课前坚持至少 10 分钟不戴耳机。这将让他有足够的暴露次数和时长获得新的认识。

苏菲的暴露是在别人面前吃东西。她的第一次暴露是在学校里当着其他同学的面吃零食。她不想在餐厅里吃午餐，因为这一行为的 SUDS 分数超过她能应对的范围。她选择在一周的五天里每天吃两份零食——这个数量不会太多。

凯尔的暴露是在全班同学面前发言，而不做出"只用一个词或短句作答"的安全行为。他必须弄清楚什么样的回答不是"简短的"。凯尔观察到大多数同学的回答有三句话。他也思考了应该在哪些课上进行暴露实验。最后，凯尔选择了英语课和数学课，这样，他每天都能进行一次暴露实验。在许多同学在场的社交情境中，他仍然会使用短句。不过，这一触发情境的 SUDS 分数更高，因此，凯尔把它设定为暴露阶梯上的另一级。

你最担心的事情是什么？

设计暴露实验的目的是直面自己的恐惧。通过箭头向下技术，你会了解自己的恐惧结构来自哪里。不过，要记住，你的目的是检验自己的预测结果，确认预测的事情会不会发生。所以，要在事前工作清单上写清楚：我最担心的事情是什么？

陈担心如果他不戴耳机，其他同学会找他说话。箭头向下练习表明他最担心的是如果必须和其他同学说话，他会结巴，对方会觉得他很笨。

苏菲担心如果在别人面前吃东西，她会出状况——比如吐出来或者嘴里塞满食物，看上去很邋遢——这让她显得很难看。她最担心的是同学们会说她粗鲁恶心，不想和她一起玩了。

凯尔担心如果他在课堂上发言不用短句，就会说错话或者发错音。这会让他开始出汗，变得更加紧张。他担心如果出现这样的情况，别的同学和老师就会认为他很笨。他最担心的事情是成绩不好，考不上好大学。

你如何知道你预测的事情真的发生了？

在暴露实验中，还要确定怎么判断担心的事情是否真的发生了。为此，你不能依赖自己的情绪和焦虑的信念——我们已经知道这些信念很可能是错误的，它们从一开始就让你陷入了困境！要找到可以观察的客观证据——"可以观察的"是指可以通过身体感官获得，你能看到（或听到）它的出现；"客观"是指这不只是你的个人观点，其他人也能看到（或听到）和证实同样的证据。

处于社交焦虑中时，你很难客观地看待自己担心的事情。不过，这正是你需要培养的技能。为了帮助你做到这一点，我列出了一些常见的可怕后果。针对每种后果，我都提供了相应的客观证据。你要在暴露实验中收集这些证据，回答你所关心的问题。

担心的后果	客观的证据
她认为我很笨。	她对你的作业提出了切实的批评。
每个人都觉得我很奇怪。	同学们用奇怪的眼神看着你，别人也能观察到这一点。
他们不和我说话，原因是如果我加入谈话，他们会觉得我很烦。	当你和他们打招呼或说话时，他们会忽视你。
同学们会认为我发的社交动态很蠢，我做的事都很无聊。	别人对你的社交动态做出负面的评论。
我会感到很尴尬。我应付不了。	你尴尬得连两分钟都忍不了，就要离开。
如果我上课举手，说话就结结巴巴的，别人会嘲笑我。	你真的结结巴巴，听到别人的笑声。
如果我在聚会上邀请玛丽亚跳舞，她会拒绝我。	我邀请了玛丽亚，她拒绝了。
如果我把我对朋克音乐的看法告诉汤姆，他就不再喜欢我了。	你对汤姆说了自己对朋克音乐的看法，他和你绝交了。
如果我和杰克逊打招呼，他会觉得我在跟踪他。	你大声与杰克逊打招呼，他无视你或者让你走开。
如果我穿上泳衣，所有人都会嘲笑我的腿太细了。	当你穿上泳衣，同学们笑起来，指着你的腿说太细了。
我将从平衡木上掉下来，别人都会嘲笑我。	你真的从平衡木上掉下来，听到别人的笑声。
我会搞砸这次实验。我们的分数不及格，我的实验搭档会埋怨我。	你们的成绩真的不及格，你的搭档说这都怪你。
在聚会上，没有人会和我说话。	即使你加入别人的聊天，也没有人理你。
莎拉今天没给我发短信。她不想和我做朋友了。	她没有给你发短信，再也不和你说话了。

续表

担心的后果	客观的证据
我将变得很紧张,吃晚饭时会吐出来。马可再也不会约我出去了。	你吃晚餐的时候真的吐出来,然后马克再也不和你说话了。
如果我在其他同学面前吃东西,我会紧张得吃不下去。	你想在午餐时间吃一口三明治,但是你做不到。
如果我发了一张自拍照,没有人会给我点赞。	你发了一张自拍照,没有得到任何人的点赞。
如果我独自走在学校的长廊里,没有人会和我打招呼。	你在课间穿过长廊,谁都不理你。
如果有人听到我唱歌,我会感到很丢脸,我受不了的。	你唱了几句,就立刻离开了学校。

你在多大程度上认为自己的预测是正确的?

在事前工作清单中,还要评估你对预测的信任程度。这时,需要用到前面学习并练习过的BIP指数,它为评估暴露实验是否成功提供了基础。你还会看到每次完成暴露实验后,你基于恐惧的信念发生了多大程度的改变。与任何科学实验一样,我们需要比较一下"事前"和"事后"的状态。

例如,如果你是陈,你在多大程度上坚信"当别的同学想和我说话的时候,我会极度焦虑、结结巴巴、头脑一片空白,结果什么话也说不出来"呢?如果你是苏菲,你在多大程度上坚信"当我在其他同学面前吃零食的时候,我会吐出来,他们再也不和我一起玩了"呢?如果你是凯尔,你在多大程度上坚信"当我在课堂发言时使用长句时,我会非常不安,其他同学会批评我"呢?

用0—100%进行打分。你在第一次暴露实验中的BIP指数可能会达到50%及以上——如果第一次的BIP指数不高,这说明你已经知道你最担心的事情不一定会发生。例如,陈认为自己会焦虑、结巴的可能性只有20%。那么,在进行实验时,他没有出现焦虑、结巴,这就是意料之中的事。不过,他还是获得了一些新认识。此外,他很快为下一次暴露实验做好准备。

请注意,即使你在理智上认为你担心的后果只有20%的可能性会发生,你的SUDS分数也比你认为的要高。这是很正常的。这正是你要设计暴露实验的原因。

你的SUDS分数是多少?

在进行第一次暴露时,我们需要重新评估一下SUDS分数。你可能遇到两种情况:一是你即将进行暴露实验,发现它似乎比你想象的更可怕;二是你发现暴露实验比你想象的更容易。无论哪种情况,都要确保它的难度适中,既不要太难,也不要太容易。

例如,陈"在校园里遇到其他同学时不戴耳机"的SUDS分数是4。如果他设计的暴露实验是上学前十五分钟不戴耳机,在其他时候还可以戴耳机,那么,SUDS分数仍然是4。可是,如果陈一整天都不戴耳机,突然戒掉这个坏习惯,SUDS分数就上升到6,这对陈来说就太困难了。再如,凯尔的暴露实验是在全班同学面前发言时,不做出"使用短句"的安全行为。他把体育课作为暴露实验的地点。但是，他在体育课上不用说太多话，所以，他担心"同学们认为他很笨"的情况几乎不会发生。这次暴露实验不针对他的恐惧结构，因此过于容易。实际上，当他重新评分的时候，他发现在体育课发言的SUDS分数只有2。所以，他决定选择英语课和数学课。

设计好暴露实验的关键点在于使它处于可控的范围之内。之后，继续调整和重新评估SUDS分数，直到你能接受的程度为止。

你想做出哪些回避行为或安全行为？

确定在暴露实验中想做的行为，并把它们写在事前工作清单上。你可能知道这些行为是什么，因为暴露实验的目的就是避免做出这些行为。但是，不能掉以轻心！你可能发现，除了你计划避免的那些行为之外，你还想做出一些新的回避行为与安全行为。

例如，陈在到校时没有做"戴耳机"的安全行为。他知道，如果一群同学站在他的储物柜旁边，他又必须过去，就忍不住想戴耳机。通过进一步思考，他意识到他还想做"想象自己在玩电子游戏"的回避行为。再如，苏菲计划在其他同学面前吃两次零食，但她知道自己并不想这么做。她想在放学后回家的路上吃零食。如果她真的饿了，她可能躲在洗手间里吃零食，因为那里没有同学会看到她。

你有多大信心在不做出回避行为与安全行为的情况下完成暴露实验？

事前工作清单的最后一个问题是评估你有没有信心不做出回避

行为与安全行为。这是很重要的一步。

除了 BIP 指数和 SUDS 分数之外，评估信心水平是第三种能使暴露实验瞄准目标的方式。如果你有足够的信心在不做回避行为与安全行为的情况下进行暴露，就更有可能设计出有效的暴露实验。不过，假如你的信心水平是中等偏低的，就应该调整一下计划，使第一次暴露更加可控。

胡安妮的报告

事前工作清单

我计划做什么？<u>在足球训练中，只要一有机会就去抢球。</u>

我最担心的事情是什么？<u>我会变得超级焦虑，害怕自己摔倒或者被球绊倒。女孩们会嘲笑我，会在背后议论我。她们会说我不配待在球队里。</u>

我如何知道自己预测的事情真的发生了？<u>我会听到女孩们嘲笑我。我现在不知道她们有没有在背后议论我。但是，我担心这一点，最终我将发现她们想让我退队。</u>

我在多大程度上认为自己的预测是正确的 (0—100%)？<u>50%</u>

我的 SUDS 分数是多少？<u>5</u>

我想做出哪些回避行为与安全行为？<u>想要放弃训练；没有做到一有机会就去抢球。</u>

我有多大信心在不做出回避行为与安全行为的情况下完成暴露实验（高/中/低）？<u>高</u>

对于第一次暴露实验，我需要弄清楚当我不使用"踢球太保守"的安全行为时会发生什么。

我思考了暴露的具体内容。当我踢得太保守时，我就不去争抢。如果别的女孩离球更近，我就让她踢。如果球在我这里，别的女孩向我冲过来，我会立即放弃争抢。我从来没有顶过球。

当我想到不做这些安全行为的时候，我觉得这似乎太难了，它的 SUDS 分数至少是 6。因此，我决定把暴露的重心放在"尽快拿到球"上。当我有机会拿到球时，我就不会踢得太保守。我会更有拼劲。不过，我还是不顶球。

我们每周训练两次，每次 45 分钟。所以，对我来说，确定暴露的时间、地点和持续时长是比较容易的。

如果我进行暴露实验，我真觉得女孩们会认为我很讨厌，想让我退队。这是我的预测。我知道这是出于恐惧，不过我想检验一下我的预测。我很高兴认知行为治疗的过程让我变得客观。以前，如果你问我怎么知道女孩们想让我离开球队，我会说"这很明显啊"或者"我就是知道"。现在，我要寻找真凭实据，比如她们说想让我退队。

我认为这一预测发生的概率是 50%。还有 50% 的概率是即使我很焦虑，在球场上失误了，她们也不会让我退队。

我原来的 SUDS 分数是 4。但是，在考虑所有的细节之后，我把分数提高到 5。尽管如此，我还是很有信心能做到这一点。

常见的问题

提问：如果其他同学发现我正在设计暴露实验，该怎么办呢？他们会觉得我很奇怪吗？

回答：社交焦虑者的大脑往往更关注别人的评判和嘲笑，所以，这个问题并不让我感到意外。当然，你不需要告诉别人"我正在处理自己的社交焦虑"。你可以保密，也可以只告诉家人。

其实，你并不孤单，焦虑是很多青少年生活的一部分——你想保持优秀的平均学分绩点，要准备大大小小的考试，还想交朋友……这些事情都会引发焦虑。当你想要公开谈论自己的感受时，没有必要感到尴尬和羞愧。同样，暴露也不是尴尬与羞愧的事情。如果其他同学知道你正在进行暴露实验，他们很可能认为你很勇敢，敢于采取行动，甚至也想知道如何进行暴露实验！

提问：我很难找到客观的证据。我担心其他同学会觉得我很烦、很无聊。但是，我不知道他们是怎么想的。我怎样才能知道他们的真实想法呢？

回答：确实如此，每个人都不能确定别人对自己的看法。既然无从知道，就不必坚持一定要知道对方的看法。相反，我们可以培养自己接受不确定性的能力。这就是客观证据的意义所在——它带来的不是确定性，而是有价值的信息。

我建议你去寻找一些别人接纳你的证据。例如，其他同学和你闲聊、上课时坐在你旁边、询问你的意见、课间休息时和你打招呼等等。如果有同学直接对你说"你很烦",或者在你说话时忽视你(要确保这不是因为你说话的声音太小,他们没有听见),或者在你说话时直接走开了,这些都是证实你的预测的客观证据。要依靠客观的证据,而不是依靠自己的想象。

提问: 如果我没有信心完成我计划的暴露实验,该怎么办呢?

回答: 首先,你要思考一下暴露实验是否超出了你的能力范围。如果需要的话,可以调整暴露内容,这样,它的挑战性会降低一些。

有人认为,知道自己的恐惧是非理性的,这将让暴露实验更容易进行。不过,对大多数人来说并非如此。你可能会想"我能做到的!我的担心一定不会发生",但是,你的情绪会让你大吃一惊。当真正接近触发情境时,你可能不像之前设想的那么自信,你会暂时失去客观性,很难进行下去。

如果发生这种情况,你的信心下降,那么可以在进行现场暴露之前尝试一系列想象暴露。你做的暴露实验越多,效果越好。想象暴露会对你产生巨大的影响。

实施实验

各就各位,预备,开始!现在,准备进行第一次暴露实验,你将开始执行之前所做的计划。以下是一些示例:

- 每天早上和两个平时不说话的同学打招呼。

- 在每节英语语言艺术课上举一次手。
- 和朋友一起参加聚会。
- 在课间换教室的时候,与其他同学进行眼神交流。
- 在商店或学校时使用公共厕所。
- 当哥哥的好友来家里做客时,我会待在厨房里,而不是自己的房间。
- 在课间休息时不看手机。

这只是一些例子。你具体要做的事情不一定出现在这里。不过,它反映的是你已经知道了哪些触发情境会引发你的社交焦虑。你的暴露实验是你独有的,而且你是自愿去做的。

从想象暴露开始热身

想象暴露可以是现场(真实生活)暴露的准备阶段,它能让我们的大脑适应恐惧的感觉。这样,在开始现场暴露之前,恐惧的影响力就被减弱了。通过想象暴露,我们还能认识到自己至少能忍受想象一下"如果处于触发情境,我预测的结果将要发生"的情况。

把热身的想象暴露看作一次预演。如果你已经准备好进行现场暴露,就不需要先进行想象暴露了;而且,它并不是暴露阶梯中的必要步骤。下面是适合先进行想象暴露的一些情况:

- 现场暴露的 SUDS 分数高于你能适应的情况。
- 一开始就进行现场暴露,这让你有点犹豫。

- 你有很好的想象力，很容易想象事物。
- 你选择暴露的触发情境不是每天都会发生的。

即使你现在不做想象暴露，也请读完这一节的内容。首先，我们看一看季娅的做法，接着我会给你一些有关想象暴露的提示。

季娅的触发情境是和不太熟悉的同学在一起漫无目的地闲聊。这时，她常用的安全行为是让最好的朋友艾伦陪着她，她在休息和午餐之前（甚至在课间）给艾伦发短信，确保她俩能在一起。如果艾伦不在身边，季娅就会回避或躲开任何需要和不太熟悉的同学交谈的情境。

季娅暴露阶梯的第一级是上午课间休息时不主动给艾伦发短信。她的暴露计划是在橡树下的长椅附近休息五分钟。她的预测是当好朋友不在场时，她不知道该说什么或者会说错话；不管怎样，别的同学都会觉得她很没用。以下是她关于这一情境的想象暴露的报告。

季娅的报告

我的第一次现场暴露是上午独自休息，不给艾伦发短信。这听起来太可怕了。所以，我决定先进行想象暴露。对这一情境来说，现实暴露的 SUDS 分数是 5，而想象暴露的 SUDS 分数只有 3。

我一个人在房间里进行想象暴露，这样没有人会打扰我。我开始想象自己从储物柜走到长椅旁边。我在没有好友陪伴的情况下走过去，SUDS 分数是 1。当我想象我走过很多同学时，SUDS 分数升高了一些。

即便是在脑海中走到长椅旁边，我也会下意识地想知道艾伦在哪儿。我想找她的原因是我没法给她发短信。我知道我找她是一种安全行为，所以我没有这么做。在我的脑海里，我一直走着。我没有想象自己在去长椅的路上和任何人说话。

当我到了那里，我意识到如果没有艾伦陪着我，我坐在哪里就是个大问题了。我想象着自己坐在空旷的位置，和谁都不挨着。这使我的 SUDS 分数上升到 3。我还想象到很多同学聚在一起有说有笑，而我孤零零地坐在那里，索然无味地吃着自己带来的零食。

五分钟的暴露即将结束了，我突然看到自己从长椅上站起来，走在回到储物柜的路上。我的 SUDS 分数又降到了 1。

这次暴露不像我想象的那么糟糕。我的 SUDS 分数一直没超过 3。我比自己想象的更能适应触发情境。

在五分钟的暴露实验中，我不费力就能想象到发生的事情。因此，我又做了两次暴露实验。这两次实验都很容易，因为我没有想象和其他同学说话。于是，我加大了难度。在第四次暴露实验中，我想象我坐在凯伦旁边，我认识她，她看上去很温和。我想象着她和我打招呼，我也打了招呼。我们一起吃着零食，看着大家享受闲暇的时光。我有点担心她会跟我聊天，但是，因为她和我一样害羞，我感到很自在。之后，我说我必须去上英语课了，和她说再见。

我一共做了十次想象暴露。我的速度提升了。整个过程只需要五分钟。现在,我更有信心进行第一次现场暴露了。我的 SUDS 分数已经降到了 4。我准备好了!

以下是关于想象暴露的一些提示:

(1) 找一个不被打扰的地方

你将在脑海中进行暴露,就像你身临其境一样。所以,你需要安静的地方,独自坐十分钟左右。

(2) 想象在触发情境下不采取任何回避行为与安全行为

在脑海中想象出一个实际地点以及在此出现的一个人或一些人。充分调动你的五种感觉(视觉、嗅觉、听觉、味觉和触觉),生动地想象你在那里——你听到了什么?人们正在说话吗?那里有背景噪声吗?你感受到温暖的阳光,还是凛冽的寒风?留意自己的全部体验,包括回避行为与安全行为的诱惑。

(3) 想象你害怕的结果

如果你的触发情境包含特定的事件(例如其他人说了什么或做了什么,你说了什么或做了什么),想象它正在发生。要想象无论你多么担心,它都已经发生了。

是的,我想让你去面对你最害怕的事情:同学们嘲笑你、挖苦你、忽视你、在背后议论你。找出最糟糕的场景,问问自己:我想到了什么?我产生怎样的情绪?我有什么身体感受?心跳加快了吗?出汗吗?颤抖吗?呼吸急促吗?如果你害怕在触发情境下产生这些感觉，那么，想象一下它们正发生在你身上。

（4）SUDS分数会不断变化

如果你担心焦虑感会增加，你可以提醒自己一开始可能是这样的，这是一件好事！如果暴露不能引起你的SUDS分数升高，那它就没有什么作用了。你不要想象自己做出回避或安全行为来降低SUDS分数，而是想象自己坚持没有做回避与安全行为。坚持下去！

（5）把它作为热身练习

在想象暴露中，你不需要填写事前与事后工作清单。你只需要SUDS分数这一项工具：既不需要BIP指数，也不需要正式地评估预测结果的可信度——它们将在第一次现场暴露中出现。

开始行动

现在你已经准备就绪，就像运动员完成所有的训练那样，要上场了！

在设计暴露实验时，你已经了解了所有的准备工作，还做了想象暴露练习。即便如此，也最好在开始之前回顾一下你的计划。

你可以根据想象暴露的体验稍微调整一下自己的工作清单。例如，季娅在想象暴露中发现她坐的位置会影响暴露实验的难度，因此，在以后的暴露实验中，她要考虑到坐在不同同学旁边的情况。也要再次检查一下SUDS分数——在想象暴露之后，它可能有所下降；还要核实一下你的预测、对预测的信任度以及信心水平。所有这些信息应该能反映出你现在的感受。你的信念和SUDS分数可能已经发生改变了!

季娅的第一次暴露实验

事前工作清单

我计划做什么? <u>独自一个人从储物柜走到长椅处,然后坐下来吃零食。</u>

我最担心的事情是什么? <u>艾伦不在我的身边,我只能和不认识的同学在一起。他们开始聊天,我不知道该说什么。我说的话可能惹他们讨厌。</u>

我如何知道自己预测的事情发生了? <u>我会发现同学们盯着我。我说不出话来。或者我说了些什么,引来同学们的嘲笑。</u>

我在多大程度上认为自己的预测是正确的(0—100%)? <u>60%</u>

我的SUDS分数是多少? <u>4</u>

我想做出哪些回避行为与安全行为? <u>给艾伦发短信。在我走到长椅前,看一看她在哪里。离开长椅,回到我的储物柜那里。</u>

我有多大信心在不做出回避行为与安全行为的情况下完成暴露实验(高/中/低)? <u>高</u>

在结束想象暴露之后,我在现实生活中进行同样的暴露实验。几何课结束后的课间休息时间,我开始进行暴露。

我拿起手机,想给艾伦发短信——如果不这样做,我总感觉哪里不对劲。因为我总给艾伦发短信,所以,我甚至担心她会认为我出什么问题了。我的SUDS分数是4,我知道今天不能指望艾伦陪着我，而这恰恰是暴露实验的关键。我想验证一下我的预测"如果我说错话，其他同学会认为我很失败"是否正确，我的BIP指数是60%，我认为我的预测可能是正确的。不过，没关系，我能应付过来。

我的计划是进行五分钟的暴露实验。我一下课就从储物柜里拿出零食。走到橡树旁的长椅需要两分钟。我一边走，一边胡思乱想："坐在长椅上的同学会和我聊天吗？"事实上，在我一个人走路的时候，没有人和我说话。这让我有点吃惊，也让我松了一口气。我独自走路的SUDS分数是3。我担心在长椅那里会发生什么，浑身都是汗。

我真的很想给艾伦发短信。我想如果我不要她来陪我，只是发短信告诉她我在长椅这里，那就不算是安全行为了。不过，我知道这是自欺欺人。最后，我没有给她发短信。

当我走到长椅时，预先完成的想象暴露让我有所准备，我已经想好了当艾伦不在身边时，我要坐在哪里。幸运的是，那里有几个空位。我坐到长椅的一端，靠近橡树的地方；另一端坐着一个男孩，他似乎没有注意到我。

当我忙着吃零食时，又来了几个同学。

他们似乎并不在意我。于是，我放松了一点。我的SUDS分数是3。与想象暴露相比，我觉得现场暴露中的时间过得有点慢。尽管如此，其他同学从来没有在意过我。他们没有理会我，我也没有必要离开。我的SUDS分数保持在3左右，甚至有几次下降到1。

这让我感到吃惊,我原以为我在整个暴露过程中都会很难受。

我打算明天再做两次同样的暴露实验——上午课间休息和下午课间休息。根据今天的情况,我在这一触发情境下的 SUDS 分数从 4 降到了 3。我认为我做到了。

在季娅的第一次暴露之后,她填写了事后工作清单。

事后工作清单

我最担心的事情发生了吗? 没有。

当时发生了什么? 我惊讶吗? 在从储物柜走到长椅的路上,我最焦虑。不过,当我坐下来,什么坏事情都没发生。没有人跟我说话。他们做自己想做的事情。令我惊奇的是,我没有不自在,别的同学也不认为我是个失败者。还有一些同学独自坐着,做着不同的事情。

我在多大程度上认为自己的预测是正确的(0—100%)? 10%

我的 SUDS 分数是多少? 3

我学到了什么? 就像我的想象暴露一样——我意识到别的同学不关心我做了什么。同学们只是和朋友聚在一起。大脑经常让我感到焦虑,但我担心的事情并没有发生。

如你所见,季娅最担心的事情并没有发生。她进行了一项科学实验,并得到了数据证实的结果。她的预测被证明是错误的:她的 BIP 指数从 60% 下降到 10%。换句话说,她不再坚信自己基于恐惧的预测。

季娅之前预测别的同学想和她聊天，她特别担心自己说的话引来别人的消极评价。不过，这并没有发生。事实上，她发现别的同学通常都在忙自己的事情，而没有注意到她。令她惊讶的是，在这种情境下，她比想象的更轻松、更自然。她还发现大脑预测的事情并不一定会发生，而且她很容易陷入思维误区。她将把这些新知识应用到以后的暴露实验以及日常生活之中。

评估结果

暴露的目的是获得新知识，因此，每次暴露实验的最后一步就是记录结果。在做完第一次暴露实验之后，要尽快填写事后工作清单。

事后工作清单

我最担心的事情发生了吗？ _____

当时发生了什么？我惊讶吗？ _____

我在多大程度上认为自己的预测是正确的（0—100%）？ _____

我的 SUDS 分数是多少？ _____

我学到了什么？ _____

不需要每次暴露实验后都填写一张工作清单——你通常会在一天之内做多次暴露实验，每次都填写一张是不现实的。但是，在经过多次暴露实验，你的回答发生改变之后，可以更新工作清单。

记住，你一直遵循着科学的方法——先预测，然后收集客观证据来检验预测是否正确，为此，你需要比较事前工作清单与事后工作清单的回答。

对于事后工作清单的第一个问题"我最担心的事情发生了吗？"，即使你回答"它没有发生"，也要花点时间更仔细地比较一下两份工作清单。你最担心的事情真的发生了吗？它像你预测的那么糟吗？你比自己想象的更能忍受焦虑吗？你对这一情境的看法改变了吗？仔细考虑这些问题，这有助于你在大脑中巩固新认识。

请不要忽略这一步。社交焦虑者往往过度关注消极的结果，忽视积极的结果。如果你的大脑也是如此（这不是你的错），就要训练它记住正面信息，忽略负面信息。通过巩固新认识，下一次再遇到类似情境时，你记住积极信息的概率会大大增加，你的大脑不会像过去那样一下子跳到不太可能出现的消极结果。

通过填写工作清单，你看到了基于恐惧的预测和实际发生的事情之间的差异，这也让你更有动力完成以后的暴露实验。在下一节中，你将思考一个问题：你是否从已经完成的暴露实验中获得足够的认识，以确保能够进入暴露阶梯的下一级呢？

常见的问题

提问： 我做了几次暴露实验，但在触发情境下仍然感到不适。

我还要做多少次暴露实验呢?

回答: 一般来说,多次暴露实验才能让大脑获得新认识。不过,这因人而异。一些人只需要几次,而另一些人需要更多次。如果你进行了多次暴露实验,但在触发情境中的焦虑感没有减弱,这可能有以下原因:① 你在暴露实验中做了回避行为或安全行为;② 暴露的次数还不够。

回顾一下你在事前工作清单上列出的回避行为和安全行为,以及那些你经常做但没有列在工作清单中的回避行为与安全行为,你是否无意识地做了这些行为呢? 此外,人们在感到压力时通常会出现新的回避行为或安全行为,你是不是也有这种情况呢? 若是这样,你需要纠正并放弃它们。如果你认为自己没有出现妨碍暴露实验的行为,你就需要进行更多次暴露实验。

提问: 如果我没有信心完成暴露实验,该怎么办呢?

回答: 如果你只有中等偏低的信心水平,我建议你多做几次想象暴露。先进行 50 次想象暴露,然后重新评估你的信心水平。这往往是很有效的。如果你实在缺乏信心,可以在触发情境发生的地点进行想象暴露。例如,季娅可以在没有人的时候(比如放学后)从储物柜走到长椅那里,并想象其他同学在场。你也可以把它分解为亚情境,使暴露实验更容易进行。

第五步　继续攀登"暴露阶梯"

还记得前几章出现的史黛菲吗？在我们没有关注她的这段时间里，她已经成功地完成了"走在校园里""和不熟悉的同学聊天"等触发情境下的暴露实验，同时不做出回避行为与安全行为。相比之下，"午餐时间"这一级就太简单了，不过，她知道练习越多越好，因此还是完成了练习。

接下来，她要做的是参加聚会。这就是我们第一次遇到她时的触发情境，当时她没有参加艾略特家的比萨聚会。现在，她受邀参加罗拉的生日聚会。她决定借这个机会进行暴露实验。这不仅是因为以前的成功经历激励了她，还因为她一直努力提高自己的社交能力。在聚会上，开始对话的社交技巧使她没有做出远离人群、一言不发的回避行为。下面是她的经历。

当史黛菲到达聚会现场时，她看到劳拉正忙着招待一些朋友。此时，她的 SUDS 分数是 3。她立刻产生"趁别人不注意就溜走"的念头。不过，她提醒自己溜走是一种安全行为。她知道自己的 SUDS 分数一定会上升。她告诉自己这是一次暴露实验，她能做到。于是，她走到露台，看到了艾略特。她走近他，开始交谈。

"嗨，你在喝什么？"

"水果鸡尾酒。"他笑着说。

听到艾略特的回应,史黛菲感觉放松了一点,继续问:"好喝吗?"

"特好喝!我听罗拉说这是她妹妹做的。"

"真的呀?她的小妹妹?"当史黛菲意识到他们可以讨论像水果酒这样简单的话题时,她感觉更放松了,溜走的冲动消失了。她开始适应"参加聚会"的情境。

在这一章中,我们将看一看如何登上暴露阶梯的更多梯级。我还会给你一些提升暴露实验效果的建议。

虽然暴露法是应对社交焦虑最有效的技术,但它不是你唯一的选择。像史黛菲那样,你可以提升自己的社交技巧来减少社交焦虑。我会在后面介绍其中一些,包括怎样开始一段对话、如何进行闲聊、怎样转换话题以及如何发出邀请。此外,我还会讲到一些自信表达的技巧。

登上更多梯级

每一级要做多少次暴露实验并没有严格的限定。我建议你多做几次,这样就能在不做回避行为和安全行为的情况下适应触发情境。你会看到自己的SUDS分数和BIP指数降低,这表明你正在从暴露实验中学习。

随着你越来越适应某一触发情境,就需要改变暴露的设置条件了。例如,假设你目前所处的梯级是进行眼神交流,和一些同学打招呼;最初设置的暴露实验时间是早晨刚进入学校大厅的时候,那么，现在你可以选择休息时间、午餐时间，或上课前、下课后、放学后等时间。

在进行许多次第一级暴露实验之后，你越来越适应触发情境，这时就该进入下一级了。回到你正在努力攀登的暴露阶梯，看看第二级。开始之前，你需要重新评估一下第二级的SUDS分数。由于你从第一级暴露实验中有所收获，所以，第二级的SUDS分数可能会降低。事实上，你可能觉得第二级太容易了。在这种情况下，可以调整暴露阶梯的梯级。如果你想提高下一级暴露实验的难度，可以任意组合不同的梯级。记住：要接受怎样的挑战，这由你来决定！

继续攀登更高的梯级。在完成所有梯级后，就可以开始设计第二个暴露阶梯了。拿出索引卡，在你的触发情境清单中选择下一个焦虑水平最低的情境。然后重复这一过程。

不一定要遵循之前设置的索引卡顺序。如果你现在觉得应该选择另一个触发情境，那就这样做吧。最重要的是再接再厉，尽可能每天定时进行暴露实验。一旦形成习惯，你就更容易坚持下去。

暴露内容资源库

暴露实验的设计要有创造性。为了让你有源源不断的创意，我列出了在各种常见触发情境下可用的内容。它们针对的是多种恐惧结构。对你来说，一些内容比较适用，而另一些内容不太适用。根据触发情境，你可以通过想象暴露来检验哪些是有效的内容。

情境	暴露内容
课堂参与	提出一个问题。 回答一个问题。 主动大声朗读。 在白板上书写。 请老师重复一下。 请老师提供额外的帮助。 请老师写一封推荐信。
表达观点或爱好	对书籍、歌曲、运动、课程、电影或电子游戏表达自己的看法。 即使朋友不让步，依然反对他的观点。 提议参加哪场活动、去哪里吃饭或者看哪部电影。 拒绝别人的提议（"我想去吃玉米卷，不想吃汉堡"）。 对朋友表达自己消极或积极的感受（"当……的时候，我非常开心""当你……的时候，我非常沮丧"）。
同伴互动（不只是朋友互动）	放学后邀请对方一起写作业。 邀请对方一起看比赛。 运动或音乐训练之后不要立刻离开，与同伴交谈。 眼神交流，微笑，和别的同学打招呼。 在大厅里、上课前或放学后开始一段对话。 在社交媒体上发布社交动态。 参加聚会。 举办聚会。 参加学校舞会。
发出请求	向同伴问路。 向同伴询问时间或日期。 向同伴借课堂笔记。 请同伴帮忙。

续表

情境	暴露内容
成为关注的焦点	故意弄掉东西。 晚一点进入教室。 穿过校园找朋友。 笑得特别大声。 故意弄洒东西。
其他计划	退货。 在商店里请售货员拿出没有摆放在货架上的衣服。 打电话询问商店的营业时间或位置，或者进行预约。 在别人面前打电话。 在别人面前吃东西。 在别人面前书写或打字。 在别人面前发短信。 当隔间外面有人的时候使用洗手间（按下冲水按钮，弄出声音）。 在别人面前擤鼻涕。 穿不整洁或有污渍的衣服。

尝试身体焦虑感暴露

身体焦虑感暴露也被称为内在暴露。当你刚开始进行暴露实验时，我想让你的实验尽可能简单，所以没有提到它。下面，让我们看一看身体焦虑感暴露的时间和方式。

（1）识别身体感受

第一个任务是确定你害怕什么样的身体感受以及为什么会害怕。为此，你要思考一下最近一次让你感到极度焦虑的社交情境。问一问自己"我在焦虑时会产生怎样的身体感受？""我为什么害怕这些感受?"使用箭头向下技术,找到你害怕这些感受的原因。

以下是常见的身体感受,帮助你完成上面的练习:

- 出汗
- 呼吸急促
- 脸红
- 头晕
- 颤抖
- 心悸

(2)过度换气练习

在识别你害怕的身体感受之后,要有意识地让自己产生这样的感受。与其他类型的暴露实验一样,这是为了让你的大脑学会减少恐惧。更确切地说,大脑要学会减少对身体焦虑感的恐惧。

迄今为止,引起身体焦虑感的最有效的方法是有意地过度换气(呼吸急促)——这并不危险。即使你的感受只是脸红或出汗,我也建议你试一试。

注意!只有身体健康,才能做这项练习。如果你患有哮喘、癫痫或心脏疾病,请先咨询医生。

与所有的暴露实验一样,不要做出回避行为或安全行为,不要安慰自己"这只是一项练习,不是真的发生了";要让自己尽量沉浸其中,在预定的时间结束之前不要停下来。

以下是你在第一阶段应该做的练习:

① 用嘴巴快速进行深呼吸，尽力呼吸15秒。

② 停顿一下，把时间增加到30秒。

③ 再停顿一下，如果你能忍受，就把时间增加到60秒。

在随后的练习中，当你把持续时间延长到60秒之后，可以只做第三步，就是快速呼吸60秒，停顿一下并正常呼吸，再快速呼吸60秒，做2—3轮。不过，练习次数以你的舒适度为准。

在每次呼吸练习之后，问自己三个问题：我体验到哪些身体感受？这和我在焦虑时的感受相似吗？（用1—10打分，10分表示两者的感受是完全一致的）我的SUDS分数是多少？

最初，你的SUDS分数会有所升高。随着练习次数的增加，SUDS分数逐渐下降。如果你在练习中产生的身体感受与现实生活中的身体焦虑感非常相似，那么，你会从这种暴露中获得新的认识。

（3）尝试其他代替过度换气练习的方法

过度换气练习不能让所有人都产生与现实生活相似的身体焦虑感。庆幸的是，还有其他引发身体焦虑感的方法。比如原地跑步和跑上楼梯。

内在暴露也可以针对脸红、颤抖、出汗等身体感受产生的恐惧感。以下是一些建议：

- 坐在加热器旁边。
- 披着毯子，坐在闷热的房间里。

- 快速喝下一杯热水（注意不要烫伤口腔和喉咙）。
- 做俯卧撑。
- 展开双臂提起重物。

如果你担心别人看到你在出汗或脸红，那么，可以进行现场暴露。在与别人互动之前，完成以下动作：

- 用喷雾瓶喷湿脸庞，看上去像是在出汗。
- 用腮红等化妆品使你的脸部泛红。

学习社交技巧

如果你有社交焦虑，你可能会回避许多社交情境和可以展示自己的情境，这使你更难掌握良好的社交互动技巧。接下来，我将介绍开始一段对话、进行闲聊、使对话持续下去、转换话题以及发出邀请的相关技巧。我还会讲到一些自信表达的技巧，包括非语言沟通、表达爱好、拒绝以及分享你的感受。

如何开始一段对话

首先，我们要了解一下如何找到开始对话的合适时机。想一想你一天中和同伴在一起的典型时刻。在计划和实施暴露实验时，你可能已经考虑过下列情境：

- 上课前或下课后，体育训练或者集会。
- 等待上课或等待集会开始。
- 训练前的热身时间或整理运动时间。

- 午餐排队。
- 在餐厅里坐在同伴旁边。
- 等待公共汽车或坐上公共汽车。
- 靠近某人的时候。

现在思考一下在找到交谈的好时机之后，你要说些什么。可以从谈论简单的事情开始，这种开场白被称为"破冰"。有效的破冰方式是提出一个能引起他人讨论的评论或问题，最好聚焦于你和别人共同关注的内容。例如：

- "历史考试太难了。"
- "你觉得物理实验室怎么样？"
- "你写完作业了吗？"
- "哇，今天天气可真热！"
- "你的论文题目是什么？"
- "那条围巾可真酷。我一直在找这样的围巾。"
- "你午餐吃什么？"

闲聊

破冰之后要说什么呢？你可以进行闲聊。

闲聊是指有礼貌但不重要的交谈，一般涉及天气、家庭作业或共同经历等中性的话题。你和对方都不希望或期望交流得过于深入或持续的时间过长。这只是让你在别人面前感觉更舒服的一种方式。

如果你想要发展闲聊技巧，可以借鉴这个模式：

① 提出一个问题。
② 倾听对方的回答。
③ 再提一个与对方回答相关的问题。
④ 重复②和③。

让闲聊继续下去的一个方式是提出开放式的问题，而不是只能用"是"或"否"回答的问题。你可以先用"是或否"的问题确定话题，再用开放式的问题继续对话。

泰比：你昨天去唱诗班练习了吗？（是否问题）

克里斯：是的。

泰比：你们都唱了什么歌？（开放式问题）

克里斯：为了准备春季音乐会，我们把所有的歌都练了一遍。

泰比：听起来怎么样？（开放题）

克里斯：真的非常好。除了最后一首歌。

泰比：哦？最后一首歌出了什么问题呢？（开放题）

克里斯：我们记不住歌词。如果你今天能来，我打赌我们肯定表现得更好。你的声音很洪亮，歌词也记得很牢。你在场能帮助那些记不住词的同学。

泰比：谢谢你的夸奖。我们一会儿在那里见。

转换话题

如果感到很难继续闲聊下去，不知道该说什么，或出现长时间的停顿和尴尬的沉默,这在社交互动中都是正常的。有时,在停顿之后,你们自然会继续讨论相同或相关的话题;有时,沉默意味着是时候换个话题了。例如,如果泰比不想结束与克里斯的对话,他可以这样回答:

克里斯:你在场能帮助那些记不住词的同学。
泰比:谢谢。(停顿)你做完数学作业了吗?(是否问题)
克里斯:没有呢。
泰比:你觉得要花多长时间?(开放题)
克里斯:我不知道。上一次我花了一个小时。我打算在唱诗班练习之前写作业。
泰比:数学作业看起来很难啊!

如果一场谈话自然结束了,那就没必要继续下去。遇到这样的情况,你可以简单地说:"好吧,历史课上见。"然后离开。社交没有绝对的规则。别人有事要做,有地方要去,你也一样。

邀请别人一起做事

随着不断地练习闲聊技巧,你会感到自己与他人相处越来越轻松,并且发现重要的不是你说了什么,而是"你与他人互动和交往"这一简单的事实。

如何与他人建立更深的联系呢?花时间和他们在一起!你要邀请别人,也要接受别人的邀请——它们会使你建立重要的友谊。

大多数有社交焦虑的青少年担心别人会拒绝自己，所以不去邀请别人。如果别人答应了，他们就会担心对方只是出于礼貌，并不是真的想和他们一起做事（这反映出读心术的思维谬误）。为了自然地发出邀请，我建议你从提出建议开始。就像你在闲聊时做的那样，不要提"是否"问题。

"是否"邀请：你想一起去吗？

更好的说法：我们可以找个时间一起去。

"是否"邀请：你想去图书馆学习吗？

更好的说法：我们可以找个时间去图书馆一起学习。

发出邀请后，你会得到三种类型的回答：积极回答、中性回答和消极回答。

积极回答，比如"这真棒，谢谢！"如果得到积极的回答，你需要提出具体的计划，交换一下联络信息。例如，"我们周六下午去咖啡馆学习怎么样？你的电话是多少，稍后我给你发信息"。

中性回答，比如"可能吧！"如果得到中性的回答，你可以做出中性的回应。比如"好的"，然后给对方一些时间，以后再次发出邀请。中性的回答可以有多种解释——对方可能是有点害羞，或者正好有其他事情。

消极回答，比如"不好意思，我没有时间"。在这种情况下，我建议你结束对话，然后离开。这可能让你有点难受，但是，你能努力去做，就值得肯定。干得好！

自信表达

自信的表达是指直率坦诚地表达自己的想法、感受与需要，同时尊重别人的权利和需求；自信不等于粗鲁或者武断。许多有社交焦虑的青少年会遇到表达不自信的问题，这限制了他们人际关系的深度和质量。如果你担心表达自己的想法、爱好与感受会遭到别人的拒绝，那么，就无法学会如何建立重要的、互惠的人际关系。

以下是练习这项重要技巧的一些方法。你也可以把这项练习作为暴露阶梯的一部分。

（1）非言语沟通

身体表现本身就是一种语言，你可以用它来感受与表达自信。保持眼神交流、站直身体、面向谈话的对象，都能让你显得更加自信。从小事入手，培养技能。例如，如果眼神交流的SUDS分数比站直身体的SUDS分数更高，你可以从站直身体开始练习。

（2）表达爱好

如果你因为害怕别人讨厌你说的话而不敢表达自己的爱好，那么别人可能认为你没有爱好，如果你不分享自己的好恶，他们可能认为你没有主见。你的意见对别人来说是很重要的。分享想法是建立人际关系（无论关系深浅）的方式。如果表达爱好让你感到焦虑，你就需要不断练习，直到能更轻松地表达出来。

你可以使用"我"字句(以"我"开头的句子)来表达爱好，例如"我喜欢贾妮尔·梦奈的音乐。你呢？""我喜欢皮特比萨店，你喜欢哪一家？"或者"我最喜欢在学生中心学习。"

（3）你可以拒绝别人

你也许担心如果拒绝别人的要求，对方会感到生气、失望或对你评价很低。你答应过做一些你觉得不舒服的事情吗？虽然当时答应了别人的要求，但事后你会后悔。

为了练习这项技能，你可以说"对不起，但是……"然后简单解释你不能做或不想做的原因。如果对方一直软磨硬泡，你要保持冷静，然后说"对不起，我做不了"。我建议你一边想象这个场景，一边在镜子前进行练习。

（4）分享感受

如果你有社交焦虑，表达感受也许是自信表达中最难的部分。例如，你担心如果赞扬别人，别人会认为你很蠢、黏人或"用力过头"。不过，不分享自己的感受，也就没有机会分享积极的体验。没有人会读心术——你觉得莎拉的外套很酷，如果不告诉她，她怎么会知道呢？

不一定要和别人分享深刻的感受。愤怒、悲伤和失望是每个人在某一时刻都会经历的，分享它们的能力对建立人际关系是很重要的。我建议你从简单的感受和赞扬开始。等能适应分享简单的感受之后，再继续深入。

> 常见的问题
>
> **提问**：自信表达意味着咄咄逼人吗？
>
> **回答**：对不同的人来说，自信有不同的含义。在这本书中，

它与你的渴望、爱好、信念和观点，以及你不喜欢、不想要或者不认可什么有关。自信不是颐指气使，也不是所有人都会赞同你的意见、爱好和渴望。如果真是如此，整个世界将变得很无趣！和别人分享好恶，是建立友谊和人际关系的基础。我们都是社会性动物，都会对别人感到好奇，想要了解别人。

提问：如果我表现得更优秀、更聪明，别人就会喜欢我。我不应该把每件事情都做得更好吗？

回答：研究者做过一项个人吸引力影响因素的研究。他们让受试者听一些人回答问题的录音，其中一些人回答得很好，而另一些人回答得不太好。在回答出色的人当中，有一个人笨手笨脚地把咖啡洒在自己的新外套上！最后，受试者必须选出谁最让人喜欢，猜一猜结果如何呢？

令人意想不到的是，最受欢迎的人不是各方面都表现出色的人，而是表现出色但也有小毛病的人。这被称为出丑效应——有缺点的人比超级英雄更受欢迎。在所有交谈中都表现得聪明睿智，并不会让别人喜欢你。他们更愿意看到你表达自己、敢于冒险以及有一些弱点。

提问：保持社交距离，能缓解社交焦虑吗？

回答：你也许注意到当你保持社交距离时，你会暂时放松下来，原因是保持社交距离让你远离触发情境。事实上，这意味着你在使用回避行为或安全行为；保持社交距离还让你无法进行暴露实验。

> 虽然保持社交距离看似能缓解社交焦虑，但是，事实并非如此。当你不得不重回社交情境时，焦虑可能会增加。这是开始暴露或重新开始暴露的契机。
>
> **提问**：我认为没有人真的想了解我。如果我试着和别人交往，我的感觉难道不会更糟吗？
>
> **回答**：我们的想法具有非常强的影响力。如果你认为没有人想了解你，你当然很难想象别人会喜欢你。我建议你针对引发这种想法的特定情境设计一些暴露实验。这样，你就能知道别人不想了解你的想法是不是正确的。如果你尽量避免与他人交往，就没有机会来质疑这些想法。
>
> 你的暴露实验可以是逐渐减少回避行为，比如与别人眼神交流并打招呼，然后寻找客观证据来支持你的预测。你怎么知道别人不想认识你？你认为有多少人忽视你时,你会感觉更糟？寻找证据，看一看当你减少回避行为时会发生什么。

让暴露练习成为习惯

暴露实验的实施需要自制力、勇气，以及遵循科学方法的能力。如果你感到气馁，要问一问自己"我为什么要这样做？"——因为"我要在我想融入的社交情境中更自信、更适应！"

回顾进步

进步和动机是相辅相成的，看到自己的进步，会更有动力继续前进；每天、每周、每月回顾自己取得的进步，会让你更自律。

问问自己："在触发情境下，我是否百分之百不做回避行为与安全行为呢？""如果不是这样，我会在什么时候做这些行为呢？"期望百分之百是不太现实的，特别是最初的暴露阶段。当你做出回避行为与安全行为时，请不要自责。弄清楚原因，然后继续进行。

每天做几次暴露实验，每一次都要填写或更新事前工作清单和事后工作清单——这些数据证明了你正在进步。在每次暴露实验之后以及设计新暴露实验之前，请回答一下"我学到了什么"，这有助于巩固从暴露实验中获得的新认识。

我希望你能进一步养成以日记的形式记录进步的习惯。由于你正在不断攀登新的暴露阶梯，所以可能忽视自己所取得的进步，客观的数字为你的进步提供了有力可信的证据；而且万事开头难，记录数据能让你更加客观，而不被情绪左右。你可以使用笔记本或便笺本，在每一页的中间画一条竖线，在左侧一栏里填写暴露之前的数据（事前的BIP指数和SUDS分数），在右侧一栏里填写暴露之后的数据（事后的BIP指数和SUDS分数）。

以下是季娅在几次暴露实验后的日记：

	事前		事后	
暴露实验1	BIP 60%	SUDS 4	BIP 10%	SUDS 3
暴露实验2	BIP 100%	SUDS 5	BIP 20%	SUDS 4
暴露实验3	BIP 50%	SUDS 3	BIP 2%	SUDS 2

每个人按照自己的进度进行暴露实验，一个月后，你可能感觉特别好，认为已经实现了自己的目标；或者你会放缓进度，再进行几个月的暴露实验。最重要的是，要继续进行实验，直到你在触发情境下不做出回避行为和安全行为。

当准备好结束暴露的时候，要坐下来回顾一下自己的数据。在事情变得顺利之后，你很容易忘记它一开始有多么困难。你取得的进步可能比你认为的更大。查看数据，不仅能说明你所处的位置，还能激励你采取行动来保持已有的成效。

保持成效

你一直努力提高自己在社交情境中的适应性，要保持这些成效，它们将帮助你应对未来可能出现的其他触发情境——你会上大学，会参加工作，会结识许多新朋友，会约会，等等。你容易焦虑的特质不会消失。所以，让我们谈一谈如何掌控焦虑感，这样焦虑就不会加剧。

（1）继续训练大脑

即使在完成正式的暴露实验之后，也要通过暴露练习保持心理上的灵活性。我建议你做一张触发情境清单，把你认为最难的触发情境或者不经常发生的触发情境列出来。每周选择2—3个触发情境，持续进行暴露练习。

这项练习类似于运动员在休赛期保持体能的方式——他们需要保持自己的力量和耐力，以便在下个赛季进行更密集的训练，否则会在恢复训练之后备受煎熬。

如果某一天你的SUDS分数比你预想的要高，不要紧张，可以把它看作你需要保持健康的信号。不要为此自责，利用你从这本书中学到的知识（焦虑的工作机制和克服焦虑的认知行为方法），重新回到正常的状态。

（2）带着自我同情，对自己负责

你可能觉得应对焦虑有时容易，有时困难；也可能在某一天被很多事情触发，产生更强烈的焦虑感。这是所有焦虑问题的特性：它们会出现波动。做过暴露实验的人都会面临这些波动，你要提醒自己这是正常现象。

同样，你有时容易坚持，而有时很难坚持——这不意外。例如，如果你有抑郁之类的心境问题，那么在感到抑郁时，你的焦虑可能更严重。激素也会起作用，例如，大多数女性在月经来临之前会觉得自己的焦虑变得严重了。

不要苛责自己没有达到既定的目标或者有些犹豫不决，多给自己一些同情。表达自我同情的一种方式是扮演好朋友的角色。好朋友会给你什么建议呢？好朋友会斥责你，说你永远不会进步吗？当然不会！朋友会倾听你的诉说，理解你的感受，帮你一起解决问题。如果你的朋友不在身边，做自己的朋友吧！

（3）注意复发的迹象

问一问自己："如果我的社交焦虑变得更严重了，我首先会注意到什么？"答案可能是你的回避行为增多了。因为回避行为不总是明显的，所以最好能提前排除它。要知道，焦虑的情绪是强烈的，它会诱使你找一些看似合理的借口，例如"我今天的状态不太好""我的作业太多了"或者"我下次就去"。

如果社交焦虑复发了，怎么办？首先你要知道，如果你害怕复发，并且试图排斥焦虑的想法或感受，那么，你更有可能复发。最好的态度是接受：接受你的大脑以后可能陷入一些恐惧，而你拥有工具、对策和经验来应对任何事情。

当你进入触发情境，又开始担心别人会评价你时，并不一定意味着你的问题复发了——你对触发状态的反应决定了你是否会复发。如果你做出回避行为与安全行为，那么很可能会复发；如果你克制冲动，不做这些行为，练习应对技巧，那么就不会回到最初的状态。

获得支持

（1）与同学分享

你可以组织活动来提升同学们的心理健康水平，成为心理健康倡导者。你并不孤单！与过去相比，如今人们对心理健康问题的偏见日趋减少，事实上，关心他人的情绪健康是一件光荣的事，也是一种利他行为。

（2）与父母分享

当然，你的父母想帮助你克服恐惧，但他们可能不知道如何做；此外，你可能不想向父母透露你的焦虑状况。这可能有以下原因。一是你的很多同伴、亲友都没有社交焦虑的问题，你耻于承认自己有社交焦虑；二是你的父母不相信你的话，或者他们使你感到愧疚；三是你的父母也有焦虑的问题，不想看到你痛苦，因此和你一起做出回避行为与安全行为。

尽管如此，我还是建议你和父母分享你从这本书中学到的内容。他们也可以阅读这本书，了解回避行为与安全行为如何助长和维持了你的焦虑。

（3）向咨询师或治疗师求助

谁也不喜欢窘迫感或身体焦虑感，一些人的焦虑程度相对较轻，更容易克制回避行为和安全行为；另一些人体验到更强烈的焦虑，他们更痛苦，更难克制回避行为和安全行为。如果你感到极度焦虑，可能需要认知行为治疗师的支持。如果你由于家庭压力等阻碍因素而无法取得进展，你也可能需要专业帮助。这不意味着你无法克服社交焦虑，只是说你需要更多的支持。

现在，你已经了解了社交焦虑缓解五步法的基础知识，掌握了克服社交焦虑的法宝。我希望你已经完成一些暴露实验，掌握其中的窍门，并且看到了一些成效。

虽然本书接近尾声，但这也是你面对焦虑、摆脱焦虑的起点。请经常回顾本书中的要点和实例，尤其是当你陷入困境或者面对新触发情境的时候——复习一下基础知识，你会很快找到前进的方向。只要坚持下去，你就能克服社交焦虑！

参考文献

Abramowitz, J. S., J. B. Deacon, and S. P. H. Whiteside. 2019. *Exposure Therapy for Anxiety, Second Edition: Principles and Practice.* New York, NY: The Guilford Press.

Aronson, E., B. Willerman, & J. Floyd. 1966. "The Effect of a Pratfall on Increasing Interpersonal Attractiveness." *Psychonomic Science,* 4(6): 227–228.

Craske, M. G., M. Treanor, C. Conway, T. Zbozinek, and B. Vervliet. 2015. "Maximizing Exposure Therapy: An Inhibitory Learning Approach." *Behaviour Research and Therapy,* 58, 10–23. doi: 10.1016/j.brat.2014.04.006

Du Maurier, D. 1938. *Rebecca.* Garden City, NY: Doubleday.

Fritscher, L. 2020. "Social Anxiety Disorder Information." https://www.verywellmind.com/what-is-social-phobia-2671698#citation-5

Leigh, E., and David M. Clark. 2018. "Understanding Social Anxiety Disorder in Adolescents and Improving Treatment Outcomes: Applying the Cognitive Model of Clark and Wells (1995)." *Clinical Child and Family Psychology Review.* 21(3): 388–414.

Sundaram, J. 2019. "Genetic Risk Associated with Social Anxiety." *News Medical.* https://www.news-medical.net/health/Genetic-Risk-Associated-with-Social-Anxiety.aspx.